Terratec '94
Kongreß West-Ost-Transfer Umwelt

V. U. Hoffmann/R. Thiele (Hrsg.)

Energie

Terratec '94

Fachmesse und Kongreß für Umweltinnovationen vom 8. bis 12. März 1994

Die Leipziger Umweltmesse Terratec wird 1994 bereits zum dritten Mal von der Leipziger Messe GmbH veranstaltet. Sie präsentiert in ihrem Ausstellungsteil innovative Techniken und Verfahren im Umwelt- und Energiebereich. Darüber hinaus wird die gesamte Palette der klassischen Umwelttechnologien angeboten. Besonderes Augenmerk gilt dabei dem vorbeugenden und integrierten Umweltschutz, denn „... Umweltschutz ist teuer, unterlassener Umweltschutz ist um ein Vielfaches teurer...", wie es der sächsische Umweltminister Arnold Vaatz zur Terratec 1993 formulierte.

Zum einen gilt es, in belasteten Regionen, wozu der Großraum um den Messeplatz Leipzig zählt, Umweltschäden nachhaltig und ökonomisch machbar „zu reparieren". Zum anderen kommt umweltfreundlichen Herstellungs- und Entsorgungstechnologien eine große Bedeutung zu. Die Terratec will Anbieter und Nachfrager aus Politik und Wirtschaft zusammenbringen und so einen Beitrag zur Lösung dieser nicht aufschiebbaren Aufgaben leisten.
Dabei wird die Messe nicht nur Technik präsentieren, sondern Gesamtlösungen vorstellen. Die Angebote reichen von Dienstleistungen und Beratungen über Projektierungshilfen bis zur Vorstellung von Betreibermodellen und Informationen über Finanzierungsmöglichkeiten.

Von Beginn an ist die Messe deshalb von einem umfangreichen Rahmenprogramm begleitet worden. In dessen Mittelpunkt steht der Kongreß „West-Ost-Transfer Umwelt '94". Das Kongreßprogramm widmet sich in vier Sektionen den derzeit brennendsten Problemen im Umweltsektor:

- Revitalisierung von Industriestandorten,
- Energie,
- Abwasserkonzepte,
- Abfallwirtschaft/Stoffkreisläufe.

Wesentliche Beiträge des Kongresses werden in den vorliegenden vier Bänden erstmals veröffentlicht.

Energie

Terratec '94

Kongreß West-Ost-Transfer Umwelt
vom 8. bis 12. März 1994

Herausgegeben von
Volker U. Hoffmann
Fraunhofer-Institut für Solare Energiesysteme, Gruppe Leipzig

Prof. Dr.-Ing. habil. Rolf Thiele
Universität Leipzig

LEIPZIGER MESSE

Springer Fachmedien Wiesbaden GmbH

Gedruckt auf chlorfrei gebleichtem Papier.

Die Deutsche Bibliothek – CIP-Einheitsaufnahme

Energie / Terratec '94,
Kongress West-Ost-Transfer Umwelt vom 8. bis 12. März 1994.
Hrsg. von Volker U. Hoffmann und Rolf Thiele. –
ISBN 978-3-8154-3504-5 ISBN 978-3-663-08022-0 (eBook)
DOI 10.1007/978-3-663-08022-0
NE: Hoffmann, Volker [Hrsg.]; Terratec <1994, Leipzig>; Kongress
West-Ost-Transfer Umwelt <1994, Leipzig>

Ursprünglich erschienen bei B. G. Teubner Verlagsgesellschaft Leipzig 1994

Umschlaggestaltung: E. Kretschmer, Leipzig

Prof. Dr. Klaus Töpfer
Bundesminister für Umwelt, Naturschutz
und Reaktorsicherheit
Schirmherr des Kongresses

Grußwort

Zur Bewältigung der globalen Umweltgefahren benötigen wir Kreativität und integrierte technische Lösungen, aber wir brauchen auch Kommunikation und Öffentlichkeit, Informations- und Technologietransfer.

Mehr als 150 Staaten haben anläßlich der Konferenz der Vereinten Nationen für Umwelt und Entwicklung (UNCED) im Sommer 1992 in Rio de Janeiro die Klimarahmenkonvention gezeichnet, die alle Staaten aufruft, konkrete Schritte für eine globale effektive Klimapolitik einzuleiten. Hieraus ergibt sich eine besondere Verantwortung der Industrieländer, denn die meisten Entwicklungsländer und „Länder im Übergang“ werden nicht in der Lage sein, ihren Beitrag ohne Unterstützung der Industrieländer zu erbringen. Daher enthält die Klimarahmenkonvention die Aufforderung an die Industrieländer, „Hilfe zur Selbsthilfe“ zu leisten und den Informations- und Technologietransfer zwischen Nord und Süd und zwischen West und Ost zu verbessern.

Mit der Wahl des Veranstaltungsortes Leipzig, als Drehscheibe zwischen West und Ost, und dem Titel dieses Kongresses „West-Ost-Transfer Umwelt“ werden wir einem Teil der Aufforderung gerecht. Im Sinne einer nachhaltigen wirtschaftlichen Entwicklung nehmen gerade die mittel- und osteuropäischen Partner für mich einen außerordentlich hohen Stellenwert ein.

Der Energieverbrauch ist in diesen Ländern bei einem geringen Wohlstandsniveau im Vergleich zu westlichen Industriestaaten sehr hoch. Wegen der geringen Effizienz der eingesetzten Energie bieten sich also erhebliche Potentiale zur Verminderung der energiebedingten Treibhausgase. Grundsätzlich können in diesen Staaten bei gleichem Mitteleinsatz wesentlich höhere Wirkungen für die Umwelt erzielt werden. Joint Implementation beziehungsweise Kompensationsmodelle bieten hier besondere Chancen für die Klimaschutzpolitik.

Im Sinne dieser Anregungen wünsche ich dem Kongreß „West-Ost-Transfer Umwelt" einen erfolgreichen Verlauf und den Teilnehmern interessante und motivierende Diskussionen.

Vorwort

Der Grad der zu erwartenden Umweltbelastung wird zu einem wesentlichen Teil von der Qualität des jeweils gewählten Energiekonzeptes bestimmt. Das gilt für die Energieversorgung eines Territoriums in gleicher Weise wie für die eines einzelnen Fertigungsprozesses. Die Hauptkomponenten eines solchen Konzeptes sind die Energiebereitstellung und der Energieverbrauch. Energie wird heute üblicherweise aus folgenden Quellen und mit folgenden Konsequenzen bereitgestellt:

- aus fossilen Energieträgern mit dem entscheidenden Nachteil der Freisetzung des Treibhausgases Kohlendioxid (CO_2) in beträchtlichen Mengen,
- aus Kernenergie ohne CO_2-Freisetzung, aber verbunden mit dem bekannten Risiko und der geringen Akzeptanz von Kernanlagen (Reaktorkatastrophe von Tschernobyl) und den noch weitgehend ungeklärten Fragen einer langfristig sicheren Entsorgung,
- aus regenerativen Energiequellen, die sich mit Ausnahme der Geothermie und der Gezeitenenergie als direkte und indirekte Erscheinungsformen der Sonnenenergie darstellen. Entscheidende Nachteile sind die meist geringe Energiedichte und die teilweise noch sehr niedrigen Umwandlungswirkungsgrade der entsprechenden Systeme. Die ökonomischen Realisierungschancen der erneuerbaren Energiequellen stehen derzeit bis auf wenige Ausnahmen (Windenergie, Wasserkraft und photovoltaische Inselsysteme) in keinem Verhältnis zu ihrem ökologischen Vorteil.

Die Umweltbelastung infolge der Energiebereitstellung kann mittelfristig signifikant nur durch eine deutliche Drosselung des Energieverbrauchs reduziert werden. Rund 80 Prozent des häuslichen Energiebedarfs fließen beispielsweise in die Raumheizung, deren notwendige Dimensionierung entscheidend durch das System der jeweils gewählten Wärmedämmung bestimmt wird. Dabei sollte nicht nur an die Dämmung der Fassaden gedacht werden, sondern auch für den Dach- und Kellerbereich sind die geeigneten Wärmedämm-Verbundsysteme nach technisch-physikalischen Kriterien auszuwählen und sowohl für Neubauten als auch für das breite Feld der Gebäudesanierung einzusetzen. In die erforderliche Sanierung von Gebäuden könnten in vielen Fällen auch Systeme zur Nutzung erneuerbarer Energiequellen eingebunden werden. Erinnert sei hier an die mögliche Bereitstellung von Brauchwarmwasser mittels Kollektorsystemen oder die Fassadenheizung durch Einsatz der transparenten Wärmedämmung. Die Sektion „Energie" will mit ihren Beiträgen zur Energiebereitstellung und zum Energieverbrauch auf ökologische wie ökonomische Kriterien der unterschiedlichsten Technologien aufmerksam machen, Entscheidungshilfen vermitteln und künftigen Forschungsbedarf aufzeigen.

Leipzig, Januar 1994 Volker U. Hoffmann/Rolf Thiele

Inhalt

Nutzungsmöglichkeiten erneuerbarer Energiequellen

Energiepolitik der Europäischen Union (EU)

- Aspekte der Technologieförderung als Faktoren des Umweltschutzes in Europa -

Dr. Hans-Eike von Scholz
Abteilungsleiter
Generaldirektion Energie (GD XVII)

Mit der Ratifizierung des Vertrages von Maastricht zur Europäischen Union sind auch die Grundlagen für den Übergang von einer gemeinschaftlichen zu einer **gemeinsamen** Energie- und Umweltpolitik innerhalb der EU gelegt. Zwar gehört die Energiepolitik laut Maastricht nicht zu den Gemeinschaftspolitiken wie jetzt schon die Agrar- oder Industriepolitik und künftig auch die Außen- und Sicherheitspolitik, auf dem Weg zur Realisierung des Binnenmarktes für Energie wird sich jedoch die derzeit gemeinschaftliche Energiepolitik mittel- bis langfristig in Richtung auf eine gemeinsame Energiepolitik bewegen und über die in Artikel 3 (t) des Vertrages vorgesehenen "Maßnahmen im Energiebereich" hinausgehen müssen. Laut Artikel 130r, Abs.2 EWG-Vertrag " (sind) die Erfordernisse des Umweltschutzes ... Bestandteil der anderen Politiken der Gemeinschaft". Mit ihrem ersten Dokument zu der Thematik "Energie und Umwelt" (KOM(89)369) hat die Kommission der Europäischen Gemeinschaften im Februar 1990 sowohl eine realistische Analyse der Auswirkungen des Energiesektors auf die Umwelt, insbesondere hinsichtlich der SO_2-, NOx- und CO_2- Emissionen im Gemeinschaftsgebiet, vorgelegt als auch Aktionsfelder für die Durchsetzung einer umweltverträglicheren Energiepolitik benannt. Das Dokument gelangt zu der Schlußfolgerung, " **daß den dringenden Maßnahmen zur Verstärkung und Erweiterung der Anstrengungen in Richtung auf eine effizientere Energienutzung und Energieeinsparung in Kombination mit der Verwendung nichtfossiler Energien zur Erhaltung der Umwelt Priorität eingeräumt werden wird. Derartige Maßnahmen sollten mit anderen umweltfreundlichen Elementen der Energiepolitik gekoppelt werden - etwa der Förderung erneuerbarer Energien, der Einführung sauberer und effizienterer Techniken und der Substitution schadstoffreicher Brennstoffe durch Erdgas."**

Auf der Grundlage dieses Kommissionsdokuments hat dann auch der Ministerrat im Mai 1990 eine grundsätzliche Orientierungsdebatte zum Bereich Energie und Umwelt geführt und in weitgehender Übereinstimmung mit der Kommissionsvorlage den Bemühungen zur verstärkten Energieeinsparung, dem Einsatz nichtfossiler Energieträger und der Einführung umweltverträglicherer Energietechnologien Priorität eingeräumt. In diesem Zusammenhang hat sich der Rat unter anderem dafür ausgesprochen :

- den Einsatz der jeweils besten, verfügbaren Energietechnologien zu fördern, wobei sich allerdings die Kosten in einem insgesamt wirtschaftlich vertretbaren Rahmen halten müßten ;

- umfassende Umweltverträglichkeitsprüfungen und Risikoabschätzungen zu verlangen ;

- die Internalisierung der externen Kosten in die Energiepreise voranzutreiben ;

- bei allen Maßnahmen und Aktionen stets die jeweiligen Umweltbedingungen in den jeweiligen Mitgliedstaaten zu berücksichtigen ;

- zur Erstellung flexibler, aber kalkulierbarer Rahmenbedingungen beizutragen sowie

- für den ausgewogenen Einsatz des zur Verfügung stehenden normativen, wirtschaftlichen und fiskalischen Instrumentariums Sorge zu tragen.

Vor diesem Hintergrund wurde im Sommer des gleichen Jahres neben anderen Initiativen auch das THERMIE-Programm verabschiedet, mit dem neue, innovative und effizientere, nichtnukleare Energietechnologien gefördert und ihnen nach Möglichkeit zum Marktdurchbruch verholfen werden soll.

Das THERMIE-Programm der EU

Die EU fördert seit mehr als eineinhalb Jahrzehnten die Entwicklung, Demonstration und schließlich auch die ersten Schritte zur Markteinführung von neuen, innovativen und effizienten Energietechnologien in Europa. Bislang sind dabei knapp 3000 Projekte mit insgesamt rund 1,9 Mrd. ECU zunächst durch diverse Demonstrationsprogramme und seit 1990 durch das neue THERMIE-Programm von der EU finanziell unterstützt worden.
Das THERMIE-Programm (EWG-Verordnung des Rates Nr. 2008/90, ABL Nr.185 vom 17.07.1990) ist für den Fünfjahreszeitraum 1990 - 1994 konzipiert, läuft also im nächsten Jahr aus. Es ist mit einem Mittelvolumen von rund 700 Mio. ECU ausgestattet, d.h. etwa 150 -170 Mio. ECU stehen jährlich zur Förderung von nichtnuklearen Energietechnologien in den Mitgliedstaaten zur Verfügung.

THERMIE konzentriert sich auf drei Hauptschwerpunkte :

- finanzielle Unterstützung von **Vorhaben (Projekten)** zur Förderung der Einsatzreife innovativer Energietechnologien ;
- **Maßnahmen** zur Markteinführung und **Verbreitung** von neuen Energietechnologien ;
- **Koordinierung** der EU-weiten sowie der nationalen, regionalen und lokalen Aktivitäten auf diesem Gebiet.

Das THERMIE-Programm ermöglicht es der EU eine finanzielle Unterstützung zu gewähren für

a) Innovative Vorhaben : diese Projekte sollen neuartige Technologien , Verfahren oder Erzeugnisse (T,V,E), für die das Stadium der Forschung und Entwicklung im wesentlichen abgeschlossen ist , zur Einsatzreife führen bzw. neuartige Anwendungen bereits bekannter T,V,E fördern. Dieser Projekttyp soll die technische und wirtschaftliche Lebensfähigkeit neuer Technologien durch eine erste Realisierung in hinreichender Größenordnung unter Beweis stellen.

b) Vorhaben der Verbreitung : diese Projekte haben die Förderung innovativer T,V,E zum Ziel, die bereits Gegenstand einer ersten Realisierung waren, die aber aufgrund fortbestehender Risiken sich bislang noch nicht auf dem Markt durchsetzen konnten, und zwar im Hinblick auf ihre breitere Anwendung in der Gemeinschaft, jetzt aber Aussicht dafür hätten, sei es unter anderen wirtschaftlichen oder geographischen Bedingungen, sei es mit Hilfe von technischen Varianten.

c) Gezielte Vorhaben : Wenn die Kommission es für erforderlich hält und eine offensichtliche Bedarfslücke identifiziert hat bzw. signifikante technologische Fortschritte durch die Zusammenarbeit zwischen Personen und/oder Unternehmen aus mindestens zwei Mitgliedstaaten zu erwarten sind, kann auf Initiative der Kommission das Zustandekommen spezieller Projekte, die sich an den detaillierten Vorgaben der Kommission orientieren müssen, gefördert bzw. die Koordination finanziell unterstützt werden (sog. "Targeted Projects").

Das THERMIE-Programm deckt also alle nichtnuklearen Energietechnologien ab, die Beiträge leisten können in den Bereichen :

♦ **Energieeinsparung bzw. rationelle Energieverwendung,** und zwar in den Subsektoren

- Gebäude
- Industrie
- Energieindustrie
- Verkehrswesen

♦ **neue und erneuerbare Energiequellen** mit den Subsektoren

- Photovoltaik
- Solarthermik
- Biomasse
- Geothermie
- kleine Wasserkraftwerke
- Windenergie

♦ **feste Brennstoffe** sowie

♦ **Kohlenwasserstoffe (Öl und Gas).**

Etwa 85% der Programm-Mittel sind dabei für die direkte **Projekt**förderung vorgesehen, etwa 15% für sog. "Begleit**maßnahmen**".

Die **Projektförderung** erfolgt in Form eines direkten Zuschusses, der auch bei einem kommerziellen Erfolg des Vorhabens nicht zurückgezahlt werden muß, und zwar für innovative und "gezielte" Vorhaben in Höhe von **bis zu 40%** und für Vorhaben der Verbreitung **bis zu 35%** der zuschußfähigen Kosten.

Die Durchführung der Vorhaben soll grundsätzlich innerhalb des Gemeinschaftsgebiets erfolgen, allerdings sind begründete Ausnahmen möglich. Auf jeden Fall sind die jeweils gültigen sicherheits- und umweltrelevanten Auflagen zu beachten. Bei Projektkosten, die eine Investitionssumme von 6 Mio. ECU übersteigen, müssen die Antragsteller aus mindestens zwei Mitgliedstaaten kommen, um u.a. die europäische Dimension des Vorhabens zu dokumentieren. Ferner wird zwar die grundsätzliche technische Machbarkeit und die wirtschaftliche Marktfähigkeit der betreffenden Technologien vorausgesetzt, es müssen jedoch noch Finanzierungsschwierigkeiten aufgrund technischer und/oder wirtschaftlicher Risiken bei der Realisierung der beantragten Projekte bestehen, um in den Genuß einer Förderung zu gelangen.
Bevorzugt bei der Auswahl der Projekte werden solche Vorhaben, die durch das Zusammenwirken von Unternehmen aus mehreren Mitgliedstaaten zustande

kommen, die von kleinen und mittleren Unternehmen durchgeführt werden sollen und/oder in wirtschaftlich weniger entwickelten Regionen der Gemeinschaft angesiedelt sind.
Je mehr dieser Kriterien ein Antragsteller erfüllt, desto größer ist seine Chance, die Erfolgsquote von zur Zeit 1 : 4 (ausgewählte : beantragten Vorhaben) zu seinen Gunsten zu beeinflussen.

Begleitmaßnahmen

Eine Neuerung des gegenwärtigen Programms gegenüber seinen Vorläufern ist darin zu sehen, daß die Förderung effizienter Energietechnologien sich nicht nur auf jene beschränkt, die schon einmal Gegenstand einer Förderung durch die EU waren. Vielmehr unterstützt THERMIE auch die Markteinführung von solchen Technologien, die im Rahmen nationaler oder anderer öffentlicher Programme sowie durch die Industrie allein, d.h. ohne jeden öffentlichen Zuschuß, bereits zur Marktreife gebracht wurden.
Die "Begleitmaßnahmen", die im THERMIE-Programm als weitere Neuerung enthalten sind, sollen vor allem für die Verbreitung der Ergebnisse aus den Projekten bzw. der Informationen über die jeweiligen Technologien sorgen. Sie dürfen kein Unternehmen diskrimieren, sondern stehen allen Interessenten als Dienstleistung des Programms, das ja auch der Verbesserung der Markttransparenz dienen soll, weitgehend kostenlos zur Verfügung.
Die wichtigsten Aufgaben, die durch die mit ihrer Wahrnehmung beauftragten **Organisationen zur Förderung von Energietechnologien,** die sog. **"OPETs",** abgedeckt werden, erstrecken sich auf

- die Erstellung von Marktstudien sowie von Analysen über die Chancen für die Einführung von innovativen Energietechnologien, die Untersuchung ihrer umweltpolitischen Auswirkungen beim Einsatz vor Ort sowie deren regionalpolitische Bedeutung u.a.m.

- die Verbreitung von Informationen über die geförderten Projekte und Technologien durch Sammlung , Aufbereitung und Erstellung von Informationsmaterial (Broschüren, Faltblätter, technische Berichte, einschließlich Übersetzungen in die jeweilige Landessprache); Organisation von und Teilnahme an einschlägigen Veranstaltungen, Seminaren und Konferenzen; Teilnahme an Fachmessen mit eigenen Ständen und Kontaktmöglichkeiten; Organisation von Projektbesichtigungen z.B. für Journalisten und Interessenten aus dem In- und Ausland, Aufbau und Pflege von Datenbanken (SESAME etc.).

- den Aufbau von Transfer-Stellen (öffentlicher und/oder privater Art) auf örtlicher, regionaler oder nationaler Ebene.

Bei der Auswahl dieser OPETs, von denen es z.Zt. vierzig europaweit gibt, hat die Kommission einen dezentralen Ansatz gewählt, der also auf vorhandene, in den Mitgliedstaaten auf einzelne Energiebereiche spezialisierte und erfahrene Organisationen zurückgreifen konnte. Diese wurden nach zwei öffentlichen Ausschreibungen im Amtsblatt der EU (Mai 1990 und Mai 1991) ausgewählt. Sie bilden zusammen ein komplettes und wirkungsvolles Netzwerk von privaten Firmen (vielfach Ingenieurbüros), Berufsvereinigungen, öffentlichen (Energie-) Agenturen und Instituten, die auf regionaler oder nationaler Ebene tätig sind und im Bedarfsfall auf ein Potential von insgesamt rund 2000 Energiefachleuten zurückgreifen kann.

Diese OPETs erhalten für ihre Mitarbeit von der Kommission eine finanzielle Unterstützung, die es ihnen ermöglicht, zusammen mit anderen öffentlichen Mitteln und Eigenleistungen insgesamt etwa 300 Aktionen pro Jahr im Rahmen des THERMIE-Programms im Auftrag der Kommission durchzuführen.

Mit Kommissionsbeschluß vom Dezember 1991 wurden darüber hinaus einige OPETs damit beauftragt, sog. EU-Energiezentren in den Ländern Mittel- und Osteuropas zu errichten und deren Aktivitäten zu koordinieren. Zur Zeit haben 14 Energiezentren in nationalen oder regionalen Hauptstädten des ehemaligen RGW ihre Tätigkeit aufgenommen. Ihre Aufgabe besteht vor allem darin, den Wissens- und Technologietransfer zwischen der Europäischen Union und diesen Ländern zu ermöglichen und zu fördern. Die meisten dieser Zentren sind eng mit einer ortsansässigen Organisation verbunden, so daß sie in der Lage sind , auf die Bedürfnisse der in der jeweiligen Region angesiedelten Industrien einzugehen. Jedes dieser Zentren wird von einem von der Kommission berufenen Direktor geleitet, der von einem einheimischen Stellvertreter, einer Anzahl von Energiexperten und dem nötigen Verwaltungspersonal unterstützt wird. Darüber hinaus werden bei Bedarf auch Energiefachleute aus den Mitgliedsländern für bestimmte, zeitlich begrenzte Aufgaben dort eingesetzt, sodaß durch die Zusammenarbeit zwischen einheimischen und EU-Experten ein hohes Maß an Flexibilität und Effizienz gewährleistet ist.

Erste Ergebnisse

Neuere Auswertungsstudien, die im Auftrag der Kommission von unabhängigen Experten durchgeführt wurden, belegen, daß mit Hilfe des THERMIE - Programms und seiner Vorläufer durch die Projekte selbst (1. Anwendung) Energieeinsparungen bzw. eine Energiegewinnung in Höhe von insgesamt 1,5 Mio. Tonnen Rohöleinheiten (RÖE) erzielt werden konnten, und zwar vor allem in den Bereichen rationelle Energieanwendung und Nutzung erneuerbarer Energiequellen. Das sind immerhin 0,2% des gesamten Energiebedarfs der EU.

Berücksichtigt man jedoch die Intentionen von seiten der EU für die Mittelvergabe, nämlich durch das THERMIE-Programm verstärkt vor allem solche Technologien zu fördern, bei denen ein hohes Reproduktionspotential vermutet werden kann, dann ergibt sich schon ein eindrucksvolleres Bild. Unter Einbeziehung der bis heute bereits eingetretenen und mit hoher Wahrscheinlichkeit noch zu erwartenden Reproduktionen der erfolgreich abgeschlossenen EU-Projekte können bis zu 8 Mio. t RÖE und bei voller Ausschöpfung des heute bekannten Potentials für diese Energietechnologien könnten theoretisch sogar bis zu 120 Mio. t RÖE pro Jahr im Gemeinschaftsgebiet eingespart bzw. mit Hilfe erneuerbarer Energien substituiert werden. Gleichzeitig könnten damit die CO_2-Emissionen in der Gemeinschaft um bis zu 15 %vermindert werden, und zwar bezogen auf das gegenwärtige Niveau von rund 3 Mrd.t CO2 -Ausstoß in der EU. Ein Ergebnis also, das aufhorchen lassen muß, wenn man das Ziel der EU, bis zum Jahre 2000 den CO_2-Ausstoß in der Gemeinschaft auf dem Niveau des Jahres 1990 zu stabilisieren, vor Augen hat.

Realistischerweise ist jedoch davon auszugehen, daß dieses Potential wohl nur bei außerordentlichen Anstrengungen aller Beteiligten und wesentlich günstigeren Umfeldbedingungen , die diesen Energietechnologien z.B. in Form eines kontinuierlich steigenden Energiepreisniveaus bei der Marktpenetration zugute kommen könnten , eine Chance hätte, nahezu vollständig zum Tragen zu kommen. Insofern sind verstärkte Anstrengungen auch auf anderen Gebieten als der unmittelbaren Projektförderung notwendig, die erst in ihrem Zusammenwirken eine realistische Chance eröffnen, die Reduktionsziele im Hinblick auf den CO_2-Ausstoß zu erreichen.

Der Ausgang der gegenwärtigen Debatte in Kommission und Ministerrat um die Bedeutung eines THERMIE-Nachfolgeprogramms in Zusammenhang mit dem 4. Forschungsrahmenprogramm der EU und die damit verbundenen budgetmäßigen Auswirkungen werden darüber entscheiden, welche Rolle der Förderung von Energietechnologien innerhalb des Gemeinschaftsgebiets, und davon ausgehend in verstärktem Maße auch in den angrenzenden Ländern Mittel- und Osteuropas sowie in den Mittelmeer-Anrainerländern in Zukunft zukommen wird.

EG-geförderte Technologie-Projekte im Energiebereich bis Ende 1993

	Anzahl der Projekte	Anteil in %	Fördermittel in 1.000 ECU	Anteil in %
Energie-Einsparung	**835**	**27,8**	**401.680**	**21,3**
Gebäude	159	5,3	40.067	2,1
Industrie	496	16,5	247.740	13,1
Energie-Industrie	97	3,2	60.296	3,2
Verkehr	83	2,8	53.576	2,8
Erneuerbare Energien	**1.137**	**37,8**	**406.251**	**21,5**
Sonne	398	13,2	93.111	4,9
Biomasse	236	7,8	124.999	6,6
Geothermie	153	5,1	74.828	4,0
Wasserkraft	152	5,1	37.444	2,0
Wind	198	6,6	75.869	4,0
Feste Brennstoffe	**233**	**7,7**	**452.224**	**24,0**
Öl und Gas	**803**	**26,7**	**627.796**	**33,3**
Insgesamt	**3.008**	**100**	**1.887.951**	**100**

Latest update: 13/12/93

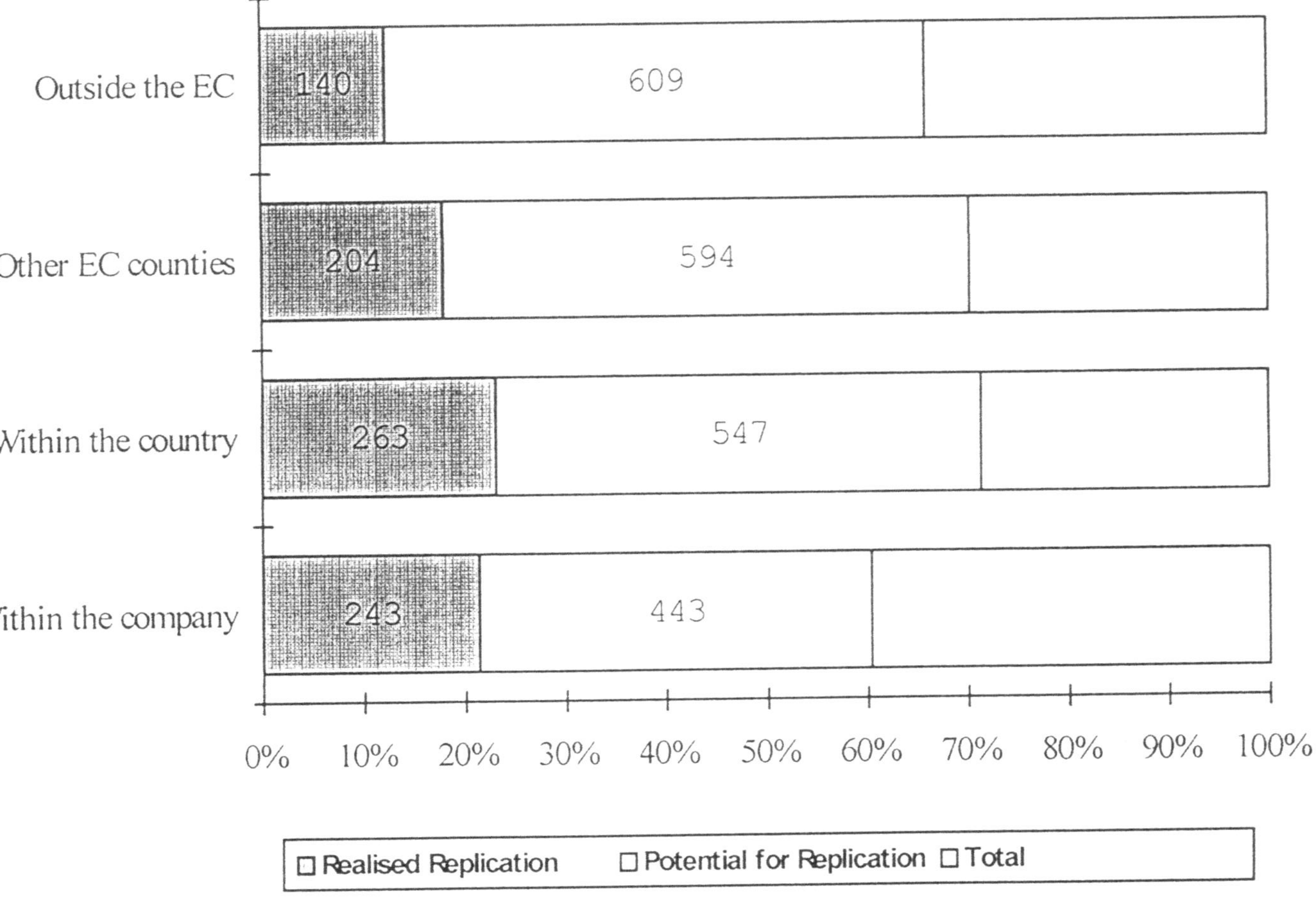
Outside the EC
Other EC counties
Within the country
Within the company
140
609
204
594
263
547
243
443
0%
10%
20%
30%
40%
50%
60%
70%
80%
90%
100%
Realised Replication
Potential for Replication
Total

(THERMIE)

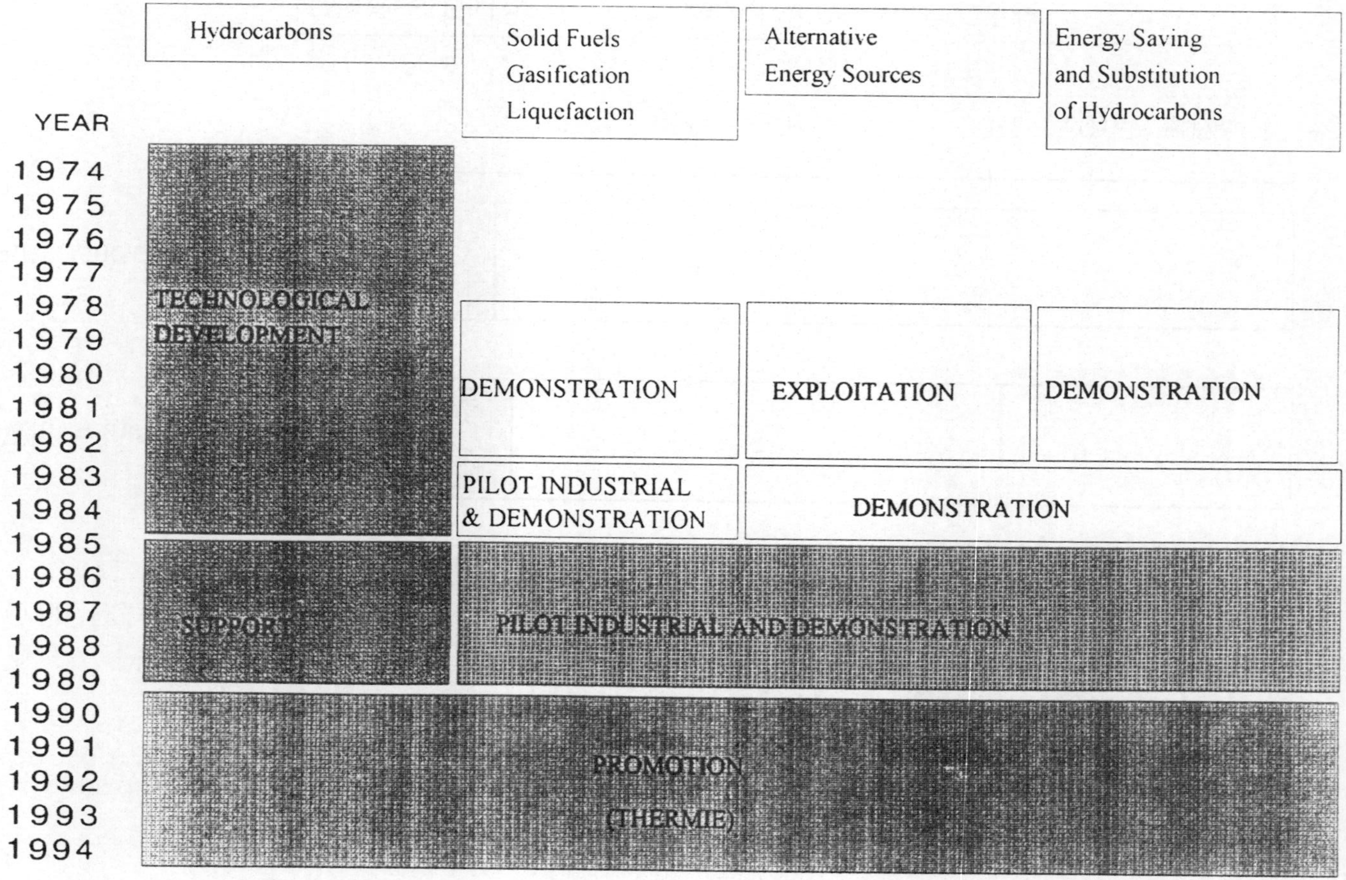

YEAR	Hydrocarbons	Solid Fuels Gasification Liquefaction	Alternative Energy Sources	Energy Saving and Substitution of Hydrocarbons
1974–1984	TECHNOLOGICAL DEVELOPMENT			
1978–1982		DEMONSTRATION	EXPLOITATION	DEMONSTRATION
1983–1985		PILOT INDUSTRIAL & DEMONSTRATION	DEMONSTRATION	
1985–1989	SUPPORT	PILOT INDUSTRIAL AND DEMONSTRATION		
1990–1994	PROMOTION (THERMIE)			

1974
1975
1976
1977
1978
1979
1980
1981
1982
1983
1984
1985
1986
1987
1988
1989
1990
1991
1992
1993
1994

Kommunale Energiekonzepte unter Einbeziehung erneuerbarer Energiequellen

Siegfried Rettich

Das Problem

Die auf unserem Planeten derzeit verwendeten Energien Erdgas, Öl, Kohle, Uran sind endlich. Fachleute geben in verschiedenen Szenarien den Primärenergien Erdgas, Öl und Uran noch eine Reichdauer von Jahrzehnten, wobei die Ansichten zwischen drei bis sechs Jahrzehnten auseinandergehen, der Primärenergie Kohle noch ein bis zwei Jahrhunderte. Die endliche Reichdauer dieser Primärenergien wird mit Sicherheit stark beeinfluß werden durch das zu erwartende Bevölkerungswachstum vor allem in den Regionen der Dritten Welt, sowie von den mehr oder weniger genutzten Möglichkeiten der rationellen Energieverwendung und -Umwandlung.

Diese Primärenergien verursachen bei ihrer Verbrennung extrem hohe Mengen Kohlendioxid (CO_2), das vor Jahrmillionen in Form von Kohlenstoff C in den Pflanzen gespeichert wurde und, die sich dann in den Primärenergien Erdgas, Öl und Kohle umgewandelt haben und nun in kurzer Frist (Jahrzehnten) wieder freigesetzt werden. Bei Verbrennung der Primärenergien wird eine große Menge an Schadstoffen in Form von Schwefeldioxid (SO_2), Stickoxid (NO_X), Kohlenmonoxyd (SO), Staub und Kohlenwasserstoffverbindungen in verschiedenen Zusammensetzungen (C_NH_M) freigesetzt.

Um einer drohenden Klimakatastrophe zu entgehen, ist es dringend erforderlich
a) den Verbrauch herkömmlicher Primärenergien drastisch zu senken
b) durch umweltfreundliche, regenerative Energien einen größeren Anteil des Energieverbrauchs abzudecken.

Es sind dringend weltweite, regionale und kommunale Energieversorgungskonzepte erforderlich, die Wege aufzeigen sollen, wie dies in der Zukunft erreicht werden kann.

Das Energieversorgungskonzept

Ein kommunales Energieversorgungskonzept soll den Entscheidungsträgern der Kommune, des Landkreises oder der Region auf der gesicherten Grundlage der derzeitigen Energieverbrauchsstruktur ein Instrument in die Hand geben, diese Struktur sowohl

- durch rationelle Energieverwendung
- durch rationelle Energieumwandlung als auch
- durch Ausbau regenerativer Energien

kurz-, mittel- und langfristig so zu beeinflussen, daß der Primärenergieverbrauch und in der Folge die Schadstoffbelastung der Luft wesentlich gesenkt werden kann.

Das Konzept sollte folgende Kriterien enthalten:

- Bestandsaufnahme der Mengen und Struktur der derzeit benötigten Energie Wärme sowie elektrische Energie
- Betrachtungszeitraum des Konzeptes
- technische, organisatorische und politische Instrumente zur Beeinflussung der Struktur
- mögliche Szenarien für die Zukunft
- Vorschläge zum Ausbau regenerativer Energien
- Vorschlage zum Ausbau der zentralen und dezentralen Kraft-Wärme-Kopplung
- Empfehlungen an die Entscheidungsträger.

Am Beispiel der Wärmeversorgung soll dargestellt werden (Abb. 1), wie die Wärmeverbrauchsstruktur der Kommune aufgebaut ist. Es soll gezeigt werden, welche Mengen an Nutzwärme, an Primärenergie unter Berücksichtigung des Jahresnutzungsgrades benötigt werden. Auf der Grundlage dieser Struktur sollen Szenarien entwickelt werden unter der Voraussetzung, die derzeitige Wärmeverbrauchsstruktur so zu beeinflussen, daß in kurzer Zeit erreicht werden kann, nur noch ein Minimum der derzeit benötigten Primär-Energie bei gleichbleibendem Komfort aufbringen zu müssen.

Der derzeitige Wärmeverbrauch kann auf drei Arten beeinflußt werden:

a) Senkung des Nutzwärmeverbrauchs (rationelle Energieverwendung)
b) Verbesserung des Energieumwandlungsgrades (rationelle Energieumwandlung)
c) Ausbau der regenerativen Energie-Erzeugung.

Zu a) Rationelle Energieverwendung
Durch eine sukzessive Verbesserung der Wärmedämmung bereits bestehender Gebäude, sowie durch eine sinnvoll geplante Wärmedämmung bei Neubauten, durch Vergrößerung von Südfenster-Anteilen, durch Bau von Wintergärten, kann eine drastische Senkung des Nutzwärmeverbrauchs erreicht werden. Eine Beratung der Bürger durch sinnvolle Beratungsprogramme ist künftig durch die Kommunen, bzw. Energieversorgungsunternehmen kostenlos anzubieten.

Zu b) Rationelle Energieumwandlung
Bei Ersatz der üblichen Heizanlagen mit Jahresnutzungsgraden zwischen 65 und 75 % durch Niedertemperaturheizanlagen, durch Brennwertkessel, durch dezentrale Kraft-Wärme-Kopplung mit Blockheizkraftwerken, durch Wärmepumpen, ließe sich der Energieumwandlungsgrad auf nahezu 100 % steigern. Die Durchsetzung dieser neuen, energiesparenden Techniken ließe sich durch die Bereitschaft der Energieversorgungsunternehmen, diese Heizanlagen im Rahmen von Dienstleistungen auf der Nutzwärme-Ebene anzubieten, wesentlich problemloser durchsetzen.

Zu c) Einsatz und Förderung regenerativer Energien
In Energieversorgungskonzepten sollten sämtliche regenerativen Energieerzeugungsmöglichkeiten untersucht und deren Möglichkeiten und vorhandene Hemmnisse dargestellt werden.

Die regenerativen Energien

Unter regenerativen Energien werden alle direkt oder indirekt aus der Sonne abgeleiteten Energien verstanden.

Zu den direkten Sonnenenergien zählen
a) Solar-Architektur
b) Wärme durch Sonnenkollektor- oder Absorberanlagen
c) elektrische Energie durch Photovoltaik.

Zu den indirekten Sonnenenergien zählen

a) Wasserkraft
b) Windkraft
c) Energie aus Biomassen, diese wiederum aufgegliedert in Holz aus Energiewald, Forstabfällen, Industrieholz-Abfällen, aus Grünmasse, aus landwirtschaftlichen Abfällen, aus Mülldeponien, aus Kläranlagen, aus Hausmüll.

Nachfolgend wird an praktischen Beispielen dargestellt, wie Stadtwerke Rottweil versuchen, im Rahmen eines Energiekonzeptes regenerativen Energien sukzessive immer größere Anteile zu verschaffen.

Solararchitektur

Bei stadtwerkeeigenen Gebäuden wie z.B. Verwaltungsgebäude und Hallenbad AQUASOL wurde schon bei der Bauplanung darauf geachtet, daß möglichst viel Sonnenlicht in die Räume geleitet wird. Stadtwerke versuchen, dieses Thema bei Amtsleiterbesprechungen den für öffentliche Bauten zuständigen Baudezernenten, Hochbauamtsleitern, Bauverwaltungsamtsleitern usw. in Gesprächen zu vermitteln.

Im Zuge der Errichtung eines stadtwerkeeigenen größeren Energie-Info-Centrums (EIC) wurde im Rahmen eines Architektenwettbewerbs gefordert, ein sogenanntes 0-Energie-Gebäude (20 bis 30 Watt/m^2) zu planen, das weitgehend solararchitektonische Belange berücksichtigt und dem Bürger nach Inbetriebnahme als Demonstrationsprojekt angeboten werden kann.

Abbildung 2 stellt die energetische Auswertung dar.

Photovoltaik

Direkte Aktivitäten wurden von den Stadtwerken hier bis jetzt nicht entwickelt, jedoch wurden im Jahre 1987 sämtliche Flachdächer der Stadt ermittelt und in Pläne eingetragen, sodaß zum gegebenen Zeitpunkt die Stadtwerke darüber informiert sind, wo und in welchen Dimensionen künftig stadtwerkeeigene Photovoltaik-Anlagen erstellt werden können.

In 1991 wurde eine 2 * 700 Watt-Photovoltaik-Anlage erstellt, die gewonnene elektrische Energie wird in einem Elektromobil, das den Zählerablesern zur Verfügung gestellt wird, verwendet.

Seit April 1992 haben die Stadtwerke Rottweil eine weitere Photovoltaikanlage mit einer Leistung von 30 kW_{pik}, die zur Versorgung von 24 Elektro-Mobilen für Kunden und 4 Elektro-Mobilen im städtischen Besitz dient, in Betrieb genommen.

Solarkollektoren

Das Nutzwärmekonzept der Stadtwerke Rottweil, das darauf abzielt, die Kunden künftig sukzessive direkt mit Wärme zu beliefern, bietet die Möglichkeit, Sonnenkollektor-Anlagen auf den Dächern der Kunden zu errichten und die erzeugte Sonnenwärme über Wärmezähler an die Kunden zu verkaufen.

Stadtwerke testen auf ihrem Betriebsgebäude seit ca. zwei Jahren eine 12 m^2 große Flachkollektor-Anlage, bei der die erzeugte Wärme sowohl in die mit Niedertemperatur von 32 ^{o} C betriebene Fußbodenheizung als auch in einen Warmwasserspeicher eingespeist werden kann.
Der Schaltplan dieser Anlage ist in Abbildung 3 dargestellt.

Speicherkollektor

In Zusammenarbeit mit dem Fraunhofer Institut für solare Energiesysteme haben Stadtwerke Rottweil einen speicherintegrierten Kollektor nachgebaut und bei einem Kunden zu Versuchszwecken installiert, Der Vorteil des Speicherkollektors liegt in den wesentlich geringeren Peripheriekosten für Wärmetauscher, zweiter Kreislauf, Regelung, Ausdehnungsgefäß, Umwälzpumpe, Frostschutzmittel; da aufgrund der Konstruktion mit transparenter Wärmedämmung und ca. 50 Liter Wasservolumen der Kollektor frostsicher ist. Daher wird das System direkt als Vorwärmung für das Brauchwasser verwendet. Wenn die gespeicherte Sonnenenergie ausreicht, muß über einen nachgeschalteten Durchlauferhitzer oder auch Speicher nicht mehr nachgeheizt werden. Die Fläche des Kollektors beträgt ca. 1 m^2. Ein als Parabolspiegel wirkender Reflektor, der zum Dachraum hin sehr gut wärmegedämmt ist, konzentriert die Einstrahlung auf den innenliegenden, schwarz lackierten, druckfesten Wasserspeicher mit 23 cm Durchmesser. Bei Entnahme von Warmwasser fließt automatisch Kaltwasser in den Speicherkollektor nach. Der erste Speicherkollektor von dreien ging im Oktober 1989 in Betrieb und es wird ein Jahresnutzungsgrad von ca. 30 % = 350 kWh/m² u.J. erwartet (Abb. 4).

Flachkollektoranlage

Im Rahmen des Nutzwärmekonzeptes der Stadtwerke wurde in der Konrad-Witz.-Straße eine Heizungsanlage saniert. Für die Wärmeerzeugung stehen zwei Brennwertkessel mit je 19 kW zur Verfügung. Im Rahmen eines Versuches wurde auf dem nach Süden ausgerichteten Dach ein Flachkolletor mit 7,5 m² eingebaut. Die Sonnenwärme wird über einen externen Wärmetauscher in den Speicher eingespeist. Da der Speicher zwei großflächige Wärmetauscher besitzt, wird im oberen Teil das Brauchwasser vorgehalten und im unteren Teil der Heizungsrücklauf bei fehlender Sonneneinstrahlung abgekühlt und bei entsprechendem Sonnenenergieüberangebot angehoben. Die Kollektorfläche besteht aus lediglich einem Element, was zur Folge hat, daß der Kollektor auf dem Dach nicht verrohrt zu werden braucht und damit auch keine Verteilerverluste entstehen. Aufgrund geringerem Materialaufwand ist der Kollektor relativ preiswert (Abb. 5).
Ende 1992 wurden weitere 4 Fachkolektoranlagen mit je 15 m² installierte Fläche in Betrieb genommen.

Wasserkraft

Die Stadtwerke betreiben seit vielen Jahren zwei Wasserkraftanlagen am Neckar mit einer Leistung von 100 kW bzw. 35 kW. Eine weitere Wasserkraftanlage, die eine Neckarschleife mit einer Länge von ca. 1,8 km auf einer Freispiegelkanalfläche von 140 m abkürzen soll, ist geplant. Diese Wasserkraftanlage wird eine elektrische Leistung von netto 240 kW elektrisch bei einer Nettofallhöhe von 5,8 m und einer mittleren Wasserführung von 4,3 m³/Sekunde erreichen. Bei der Jahresganglinie des Neckars in Rottweil wird eine elektrische Jahresarbeit von ca. 1,2 Mio kWh erwartet.

Windenergie

Im Jahre 1987 wurden auf einer auf 735 m Höhe liegenden größeren landwirtschaftlichen Fläche, mit einer Windmeßanlage "SICOM", von Mitte Mai bis Mitte November Windmessungen durchgeführt. Vergleiche dieser Windmeßergebnisse mit langjährigen Windmessungen auf der Schwäbischen Alb beim Klippeneck und bei Schnittlingen lassen bei einer Meßhöhe von 10,5 m eine jährliche mittlere Windgeschwindigkeit von 3.8 m/Sekunde erwarten. Aufgrund dieser Ergebnisse wurde eine Windkraftanlage der Firma Südwind GmbH, Berlin, Typ N 1230, mit einer Nennleistung von 30 kW_{el}, mit einer Nabenhöhe von 30,5 m über NN, errichtet. In dieser Nabenhöhe werden 4,5 m/Sekunde mittlere Windgeschwindigkeit und eine elektrische Arbeit von 47.160 kWh/Jahr erwartet. Entsprechend der sich daraus ergebenden Benutzungsstruktur von 1.572 Stunden/Jahr würde dies einer Verfügbarkeit von knapp 18 % entsprechen. Die Anlage wurde am 30.07.1989 in Betrieb genommen. Mit der Testanlage werden Erfahrungen gesammelt, diese sollen darüber aufklären, ob auf dieser Hochfläche mittelfristig eine Schwachwindfarm erstellt werden kann. Inzwischen wurde gutachterlich festgestellt, daß es technisch möglich ist, dort 27 Windkraftanlagen zu erstellen, um eine Stromerzeugung von 5.44 Mio kWh_{el}/Jahr zu erreichen (Abb. 6).

Energie aus Holzhackschnitzeln

Für die Versorgung einer Ortschaft am Rande der Stadt, die eine Wärmeleistung von ca. 5,8 MW und ca. 8,2 Mio kWh/J Wärmeverbrauch erfordert, wird eine Holzvergasungsanlage geplant. In dieser Anlage sollen jährlich ca. 5.600 t Holz, das in Form von Hackschnitzeln aus Kurzumtriebswäldern, Forstabfällen und kommunalen Holzabfällen vorhanden sein wird, in einem Holzvergaser in niederkaloriges Holzgas umgewandet werden. Die Anlage wird mit einem elektrischen Nettowirkungsgrad von ca. 27 % arbeiten und bei einer elektrischen Nettoleistung von 1.100 kW ca. 7 Mio kWh elektrische Energie / Jahr erzeugen. Die über Abgas- und Kühlwasserwärmetauscher gewonnene Wärme wird zur thermischen Energieversorgung - gekoppelt mit einer Spitzenkesselanlage - der Ortschaft eingesetzt. Die Anlage ist Ende 1992 - vorerst mit Erdgas betrieben - in Betrieb gegangen (Abb. 7).

Biogas aus landwirtschaftlichen Abfällen

Zur Zeit wird anhand einer Studie untersucht, welche Biogasmengen in einem anaerob-mesophilen Biogasreaktor mit Gülle von 150 Großvieheinheiten Rindern, 50 Großvieheinheiten Schweinen und 10 Großvieheinheiten Hühnern vermischt mit 50 t/Woche Küchenabfällen aus der Großküche eines Krankenhauses, hergestellt werden können. Es ist geplant, das produzierte Biogas in Gasmotoren in elektrische Energie und Wärme umzuwandeln, wobei die elektrische Energie in das Stadtwerkenetz eingespeist werden soll und die Wärmeenergie teilweise zur Warmhaltung des Biogasreaktors und zur Beheizung des Krankenhauses Verwendung finden soll.
Abbildung 8 zeigt das Prinzip-Schaltbild der Biogas-Anlage.

Energetische Umsetzung von Deponiegas

Seit Dezember 1988 wird auf einer Deponie der Stadt Rottweil über eine neu errichtete Deponie-Zwangsentgasung ca. 230 m³/Stunde Deponiegas mittels eines Gasmotors in elektrische Energie mit einer Leistung von 270 kW_{el} umgewandelt.

Energetische Umsetzung von Klärgas

Seit 8 Jahren betreiben Stadtwerke Rottweil in der städtischen Kläranlage ein klärgasbetriebenes Blockheizkraftwerk, das aus drei Gasmotoren mit je 90 kW_{el} bzw. je 150 kW_{th} besteht. Die Klärgasmotoren sind auf Zwei-Gas-Betrieb eingerichtet und können, wenn nicht genügend Klärgas zur Verfügung steht, auch mit Erdgas betrieben werden. Stadtwerke können diese drei Motoren deshalb jederzeit zur Stromspitzenoptimierung im Stadtwerkenetz einsetzen.

Energie aus Müll

Im Jahre 1987 wurde nach eineinhalbjährigem Vorversuch eine Studie erstellt, die aufzeigen sollte, wie weit der in der Region Schwarzwald-Baar-Heuberg anfallende Gesamtmüll durch sinnvolle Recyclingverwertung der Deponie ferngehalten und gleichzeitig in Energie umgewandelt werden kann. Dieses Projekt versprach für eine Region von 440.000 Einwohnern, das derzeit erforderliche Deponievolumen auf 12 bis 14 % zu senken und dabei gleichzeitig durch Biogas aus Küchen- und Gartenabfällen sowie durch Schwelgas aus Restmüll erhebliche Energiemengen zu erzeugen.

Nachdem sich vor drei Jahren die politischen Mehrheiten nicht für dieses komplexe aber zukunftsweisende Modell entscheiden konnten und stattdessen, wie landauf, landab üblich, auf die Müllverbrennung gesetzt hatten, wurden die Aktivitäten der Landkreise in Richtung Verbrennung entwickelt. Nachdem man bis heute weder einen Standort für eine Müllverbrennungsanlage gefunden hat, geschweige denn ein definitives Angebot hierfür vorliegt, auf der anderen Seite die Deponien nahezu verfüllt sind und weitere Aktivitäten in Richtung Müllverbrennung von sehr starken Bürgerinitiativen beeinträchtigt werden, ist man in der Zwischenzeit dem von den Stadtwerken entwickelten sogenannten ROTTWEILER MODELL wieder nähergetreten. Der Landkreis Rottweil hat zwischenzeitlich einstimmig beschlossen, das ROTTWEILER MODELL in Stufen zu verwirklichen.

Die Stadtwerke wurden inzwischen von Landkreis beauftragt, auf Rechnung und im Namen des Landkreises für den Kreis eine Müllvergärungsanlage zu planen, zu bauen, in Betrieb zu nehmen und zu betreiben. Bei Inbetriebnahme der Anlage wird im Landkreis Rottweil zusätzlich zur Müll-Tonne die Bio-Tonne eingeführt. In der Biogasanlage wird dieser Biomüll im anaeroben Verfahren in Biogas und Restkompost umgewandelt. Mit dem gewonnenen Biogas werden über Blockheizkraftwerksmotoren elektrische Energie und Wärme für das danebenliegende Industriegebiet produziert werden. Der gewonnene Kompost wird im Landkreis Rottweil in der Land- und Forstwirtschaft Verwendung finden.
Im Auftrag des Kreistages wurde eine Energiebilanz erstellt,die ausweist,daß je nach Menge des anfallenden nativ-organischen Anteils eine globale CO_2-Reduktion zwischen 2200 und 3000 to/Jahr erwarten läßt (Abb. 9).

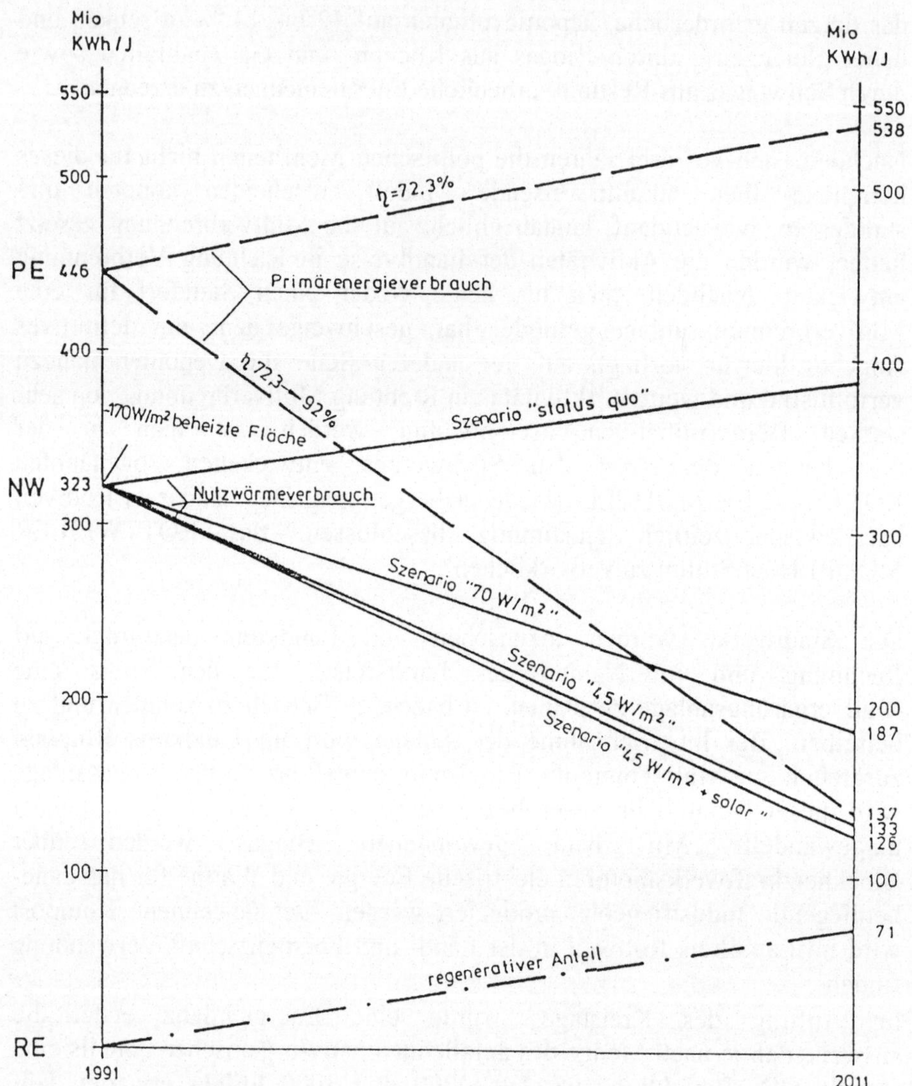

Abb.1 Wärmeszenarien der Stadt Rottweil
Die erwartete Entwicklung der Wärme-struktur in den verschiedenen Szenarien

PE = Primärenergie - Verbrauch
NW = Nutzwärmeverbrauch
RE = regenerative Energieerzeugung
η = Jahresnutzungsgrad

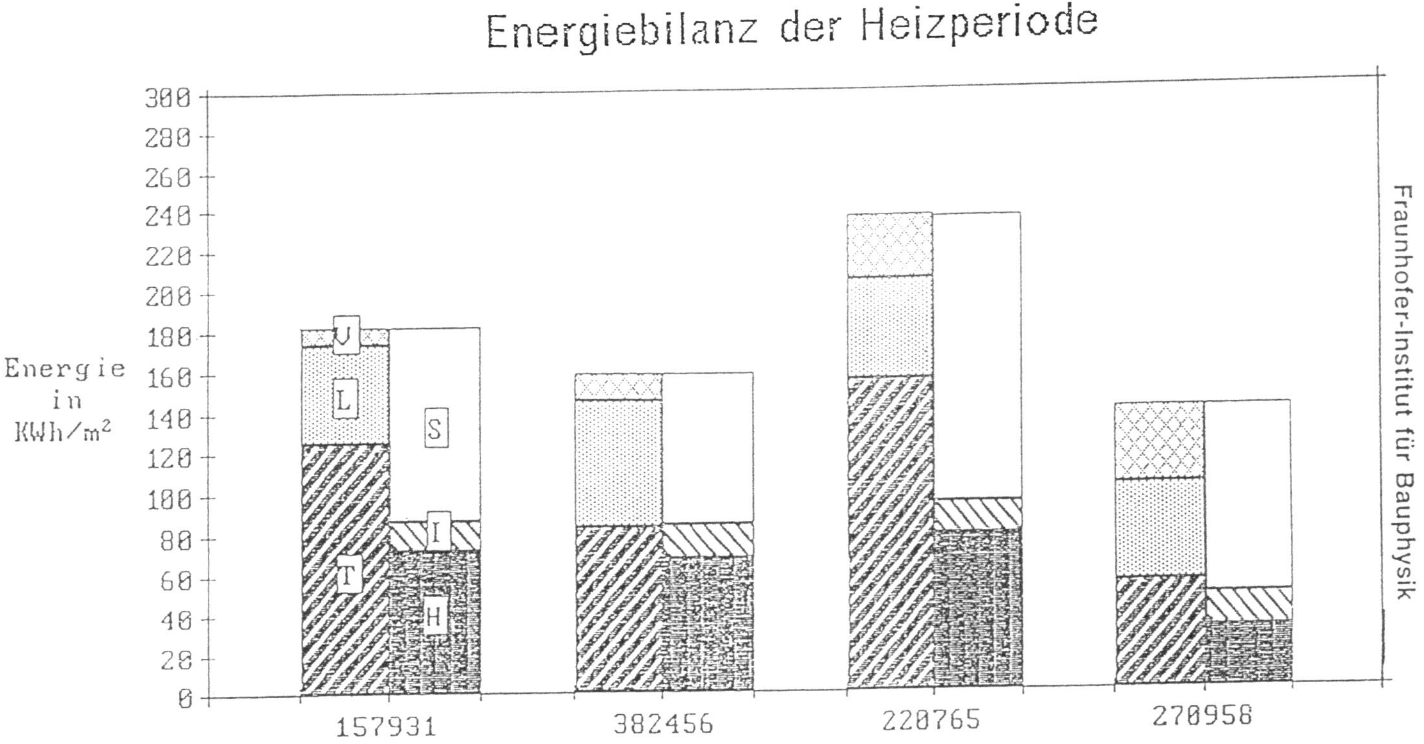

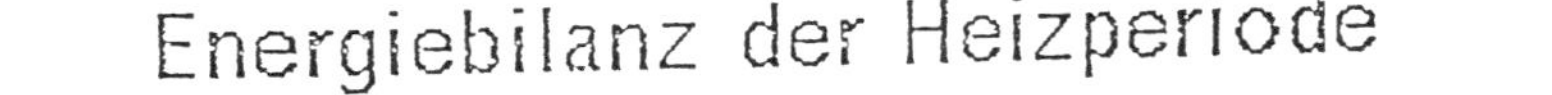

Abb. 2 Energiebilanz eines geplanten Energieinfozentrums bei 4 Wettbewerben

Wärmeverbrauch	**Wärmeerzeugung**
V Wärmeüberschuß	S Sonnenwärme
L Lüftungswärme	I Wärme von Personen, Geräten
T Transmissionswärme	H Heizwärme

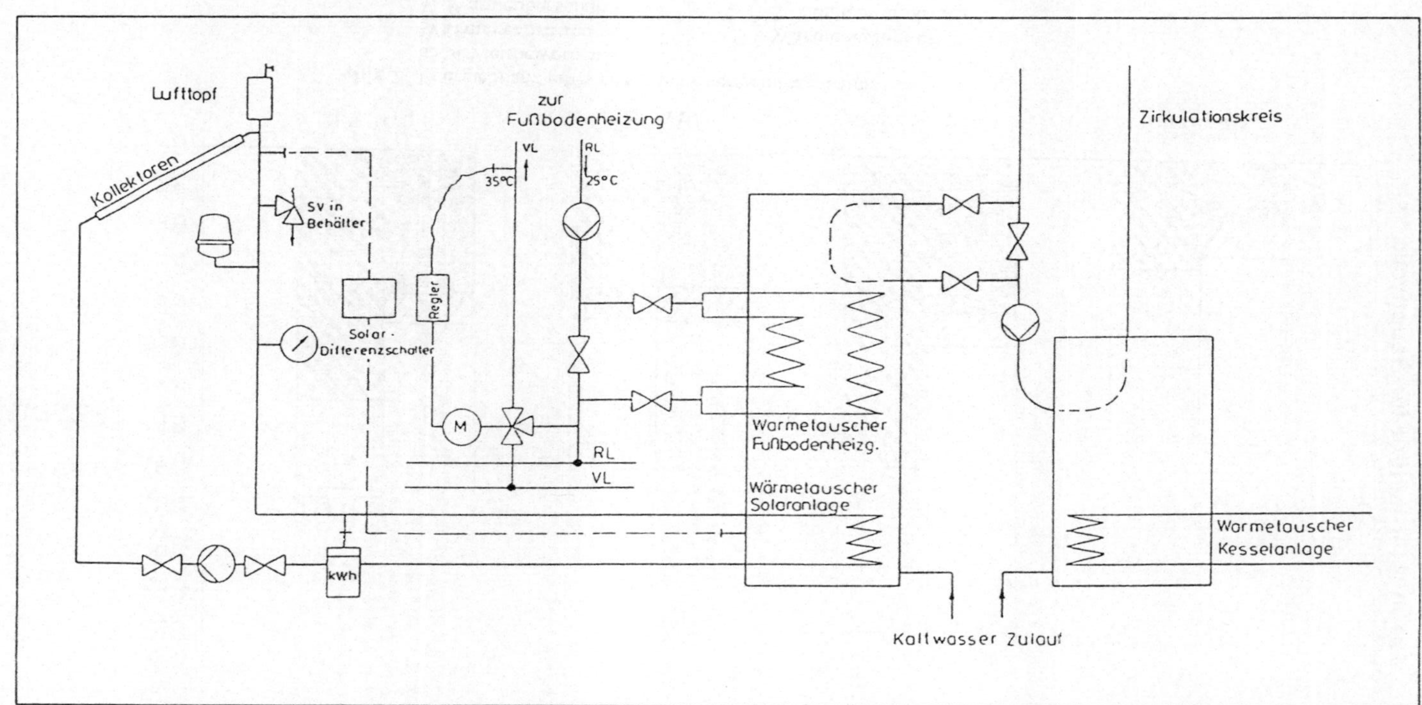

Abb. 3 Einbindung von Sonnenkollektorwärme in die Fußbodenheizung und Warmwasserversorgung

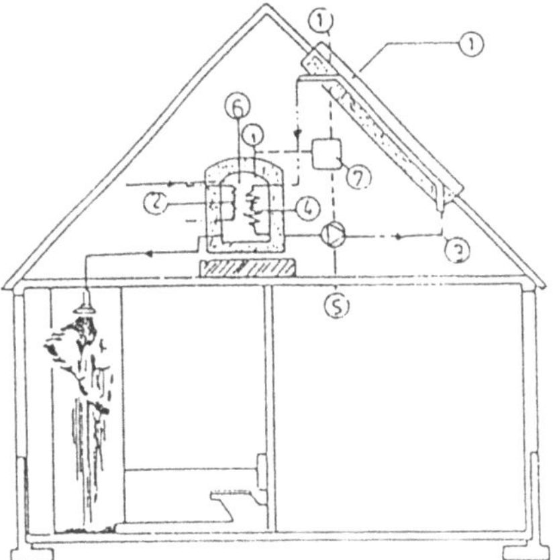

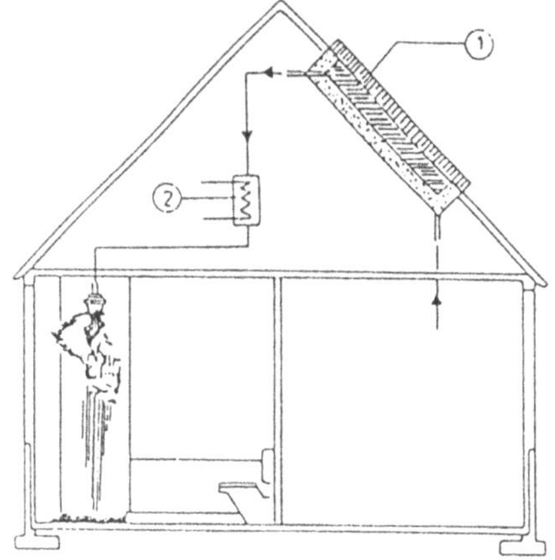

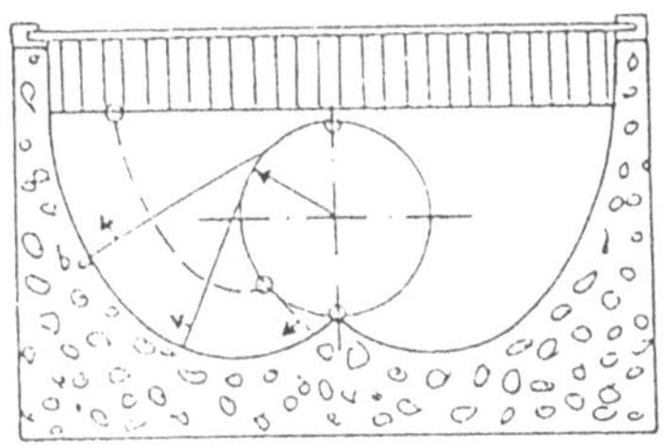

Abb. 4 Speicherkollektor

1 Speicherkollektor
2 Warmwasser
3 Kollektorrücklaufleitung
4 Kollektorvorlaufleitung
5 Umwälzpumpe
6 Wärmetauscher
7 Temperaturregler

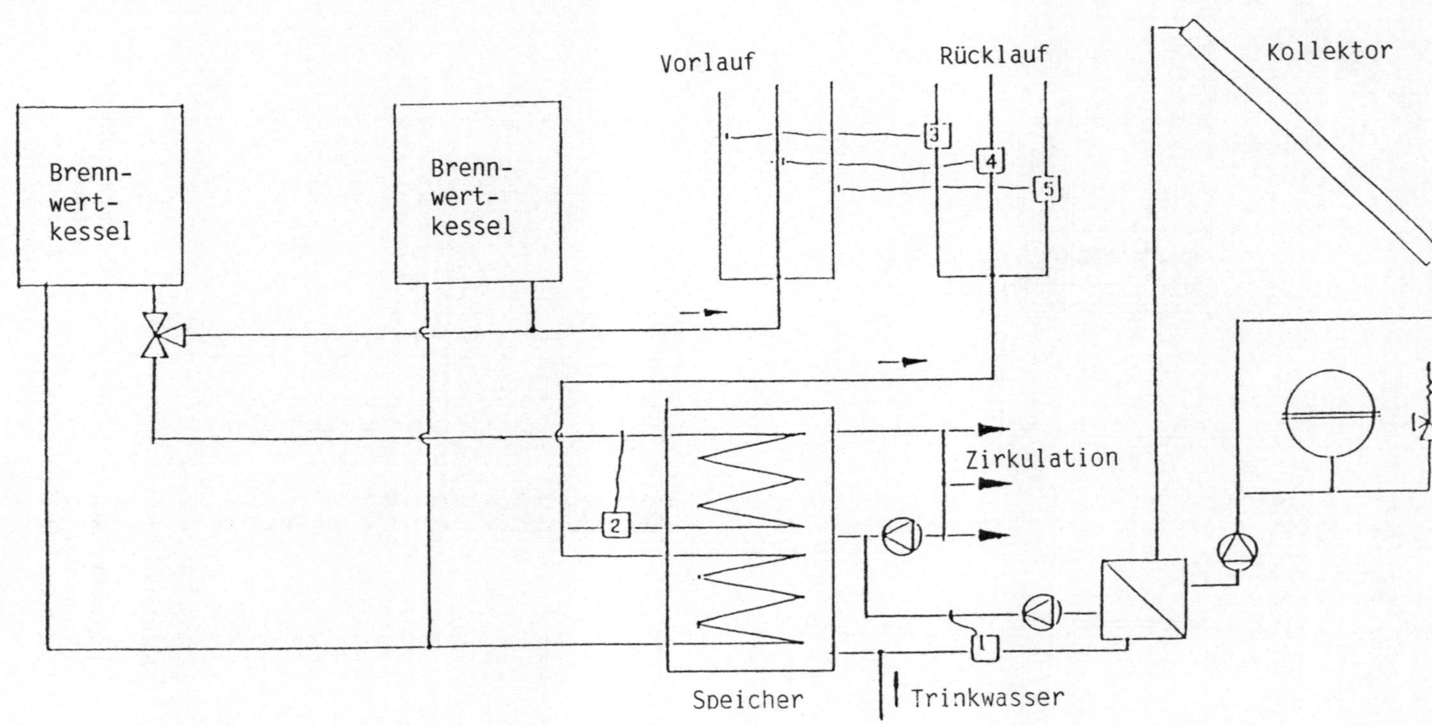

Abb. 5 Einbindung einer Flachkollektoranlage in das Brennwertkesselheizsystem eines Wohnhauses

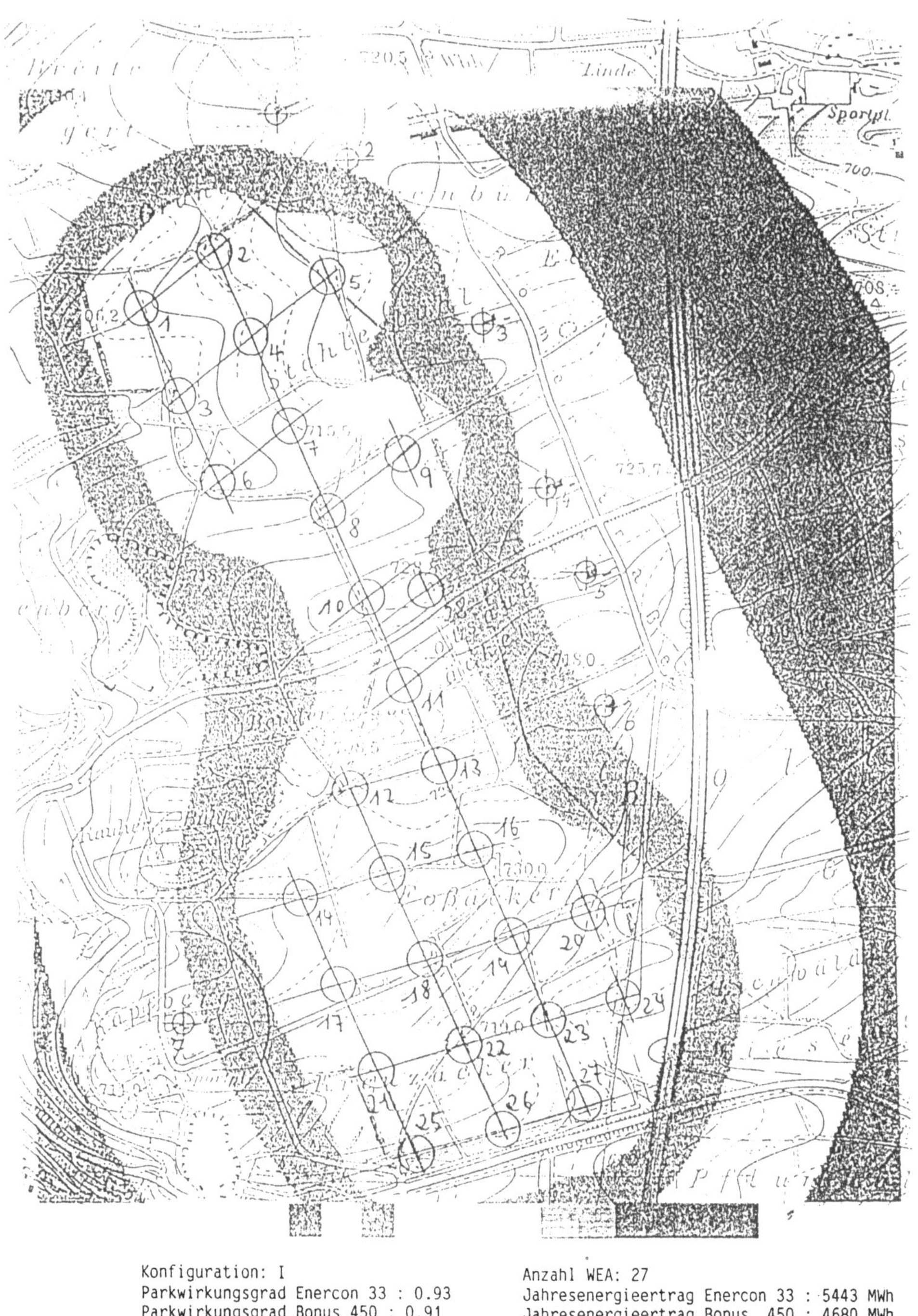

Abb. 6 Planung einer Windkraftfarm auf einer Hochfläche 730 m ü NN

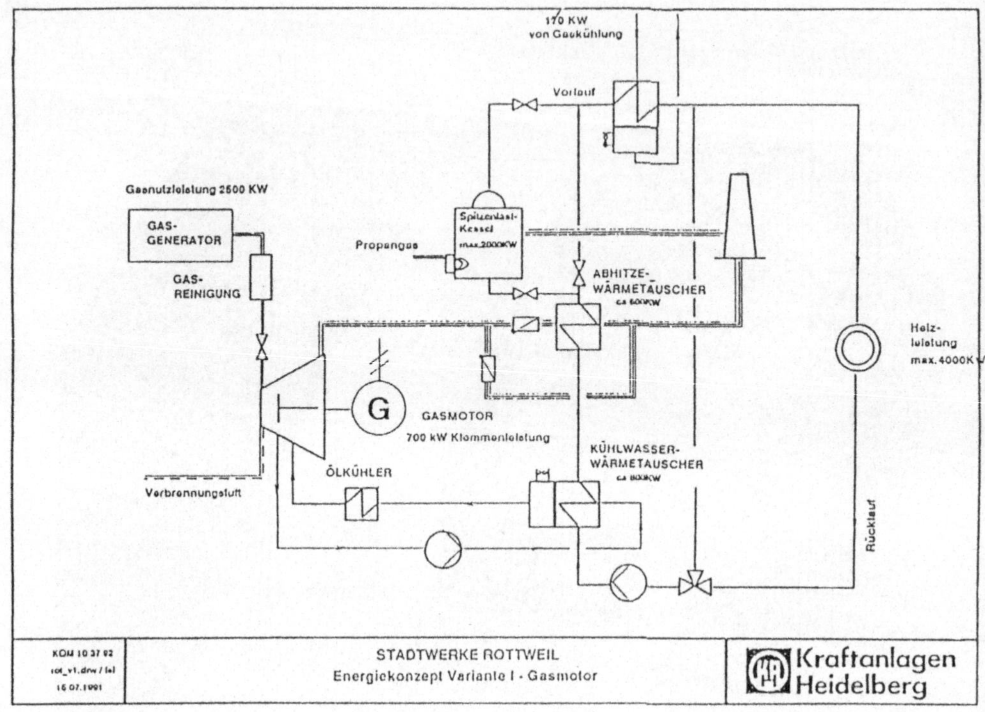

Abb. 7 Prinzipschaltbild eines Holzheizkraftwerkes
mit Gas-Generator, Gasmotor und Spitzenkessel

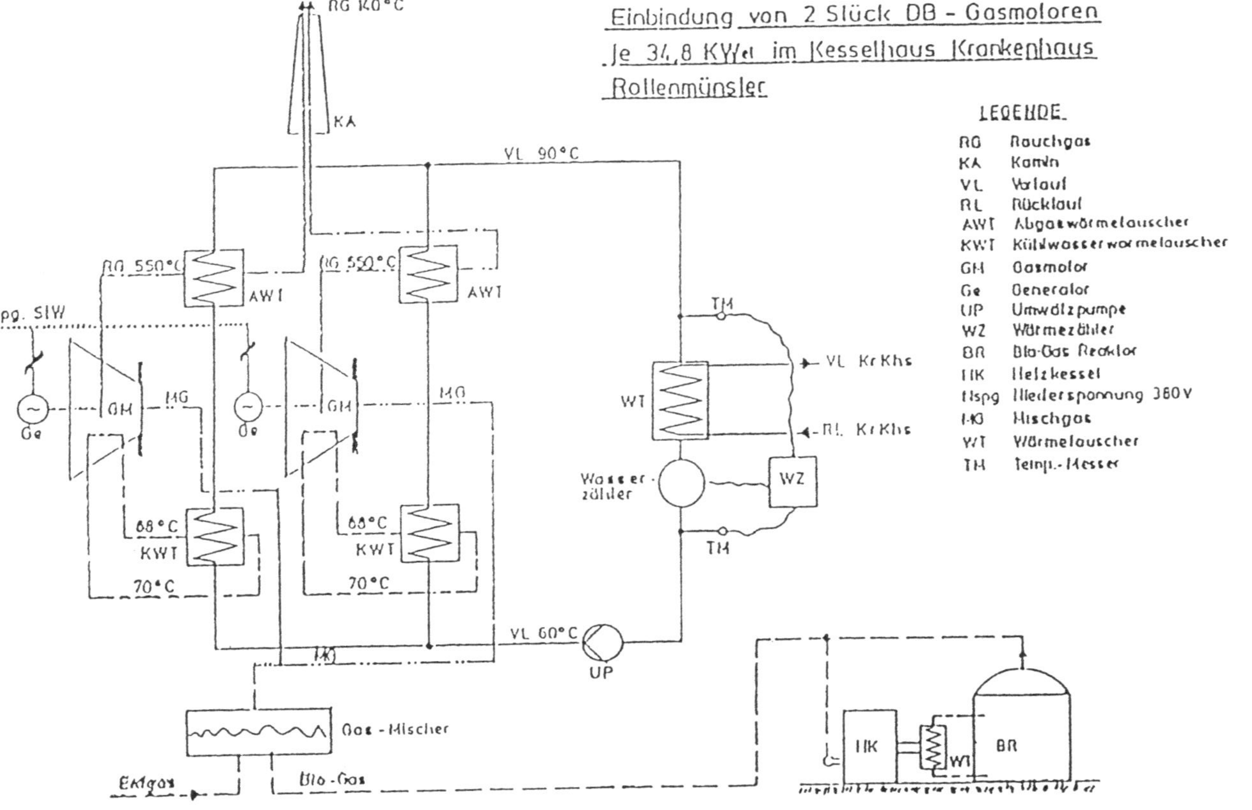

Abb. 8 Prinzipschaltbild einer Biogas-Anlage mit BHKW, befeuert mit Erdgas und Biogas

MÜLLVERGÄRUNG LANDKREIS ROTTWEIL (MLR)

Saubere Energie aus Abfall

23.11.92

Energiebilanz:

Nettobilanz	9.000 t/J	12.000 t/J
kWh_{el}/J	1.515.000	2.020.000
kWh_{pr}/J (η = 0,35)	4.328.571	5.771.428
kWh_{th}/J	2.526.000	3.368.000
kWh_{pr}/J (η = 0,75)	3.368.000	4.490.666
Energieeinsparung brutto		
kWh_{pr}/J	./. 7.696.570	./. 10.262.090
Dieselöl für Radlader		
kWh_{pr}	+ 230.000	+ 245.000
Zwischentransporte		
kWh_{pr} 15.750 km * 10 l/100 km = 1575 l		
kWh_{pr}	+ 15.750	+ 21.000
Energieeinsparung netto		
kWh_{pr}/J	7.450.820	9.996.090
CO_2-Reduktion bei 300 g/kWh_{pr}	2.235 t/J	2.999 t/J

Abb. 9 Nettoenergiebilanz einer Müllvergärungsanlage für 9.000 bis 12.000 t/Jahr nativ-organischer Abfälle bei Verwertung des Biogases in einem BHKW

Regionale Energiekonzepte dargestellt am Beispiel der Region Mersch - Ettelbrück - Diekirch

Dr. Wolfgang Wiesner/
Dipl.-Ing. Jürgen Schwenke
TÜV Rheinland

Umweltprobleme, die sich kontinuierlich verschlechtern, die Abnahme von Vorräten fossiler Energiequellen und insbesondere die ersten Warnzeichen einer offenbar unvermeidlichen Klimaänderung mit ihren äußerst bedrohlichen Konsequenzen zwingen zu einer Neubewertung der Energiepolitik, mit dem vordringlichen Ziel, die CO_2-Emission (aus fossilen Energiequellen) zu reduzieren.

Energiekonzepte liefern einen wichtigen Beitrag für die Entwicklung einer neuen Energiepolitik. Unter dieser Maßgabe wurde für drei Gemeinden (Mersch, Ettelbrück, Diekirch) in Luxemburg ein regioales Energiekonzept mit Unterstützung der Europäischen Union entwickelt. Grundlage dazu war das vorher entwickelte Energiemodell für das Land Luxemburg. Mit Hilfe dieses Modells konnte der Beschluß zum Ausbau der Gasversorgung für das Untersuchungsgebiet gestützt werden. Durch die Anbindung an das Erdgasnetz innerhalb der nächsten zwei Jahre eröffnen sich neue Möglichkeiten für energiesparende Maßnahmen.

Erster Schritt eines derartigen Energiekonzptes ist, für die drei Gebiete entsprechende Informationen aufzubereiten, so daß zielgerichtete energiewirtschaftliche Maßnahmen betrieben werden können. Dazu ist ein Überblick über die gegenwärtige Struktur von Angebot und Verbrauch erforderlich. Dem folgt eine Analyse möglicher Schritte, die Berechnung der daraus resultierenden Auswirkungen auf den Energieverbrauch und auf schädliche Emissionen, sowie eine Bestimmung ökonomischer Aspekte und die Weiterentwicklung von Änderungsvorschlägen bis hin zur Einführung konkreter Maßnahmen.

Die erste Phase bei der Entwicklung dieses Energiekonzepts dokumentiert die gegenwärtige Situation. Hieran schließt die zweite Phase, in der Wege für eine rationellere Energieversorgung zu finden sind.

Der Handlungsbedarf kann grob in zwei Rubriken unterteilt werden:

- Minimierung des primären Energieverbrauchs
- Einsatz von umweltfreundlichen Energieträgern und Energieumwandlungsprozessen

Eine Minimierung des Verbrauchs beinhaltet sowohl Maßnahmen zur Reduktion des Enderenergiebedarfs (z.B. Wämedämmung) als auch die Verminderung von Umwandlungsverlusten in der Übertragungskette von der Erzeugung von Primärenergie bis hin zur Nutzenergie beim Endverbraucher (z.B. Block-Heizkraftwerke, verbrauchseffiziente Anwendungen).
Bei der Wahl umweltfreundlicher Energieträger hat Erdgas eine hervorragende Stellung. Die Nutzung regenerativer Energiequellen kann auf absehbare Zeit die Nutzung fossiler Energiequellen nicht ersetzen. Umweltneutrale Energiesparmaßnahmen sind am aussichtsreichsten.

Die erforderlichen Maßnahmen hierfür sind in Sektoren und Kommunen eingeteilt, analysiert und bewertet.

Die in Betracht kommenden Sektoren sind:

- der Haushaltssektor
- Industrie und Handel
- Tertiärsektor

Der Verkehrsbereich ist in diesem Konzept nicht enthalten.

Die für den Haushaltsbereich in Frage kommenden Maßnahmen sind:

- Verbesserung der Wärmedämmung
- Verwendung von Erdgas
- Sanierung von Heizungsinstallationen, wo durchführbar

Die notwendigen Sanierungsmaßnahmen für öffentliche Gebäude wurden in einem detaillierten Maßnahmenkatalog aufgelistet: Jedes untersuchte Gebäude wurde in einem kurzen Bericht erwähnt. Dazu gehört eine Auflistung der erforderlichen prioritären Sanierungsmaßnahmen und einer Quantifizierung der zu erwartenden Einsparungen. In einer Analyse von verschiedenen Möglichkeiten der Errichtung eines verbesserten Energieversorgungssystems wurden sowohl ökonomische (Strom-Tarife) und technische Aspekte diskutiert. Die Möglichkeiten Kraft-Wärme-Kopplungsanlagen einzusetzen sowie regenerative Energiequellen zu nutzen wurden ebenfalls untersucht.

Ergebnisse

Endgültiger Energie-Bedarf / Energie-Einsparung und Emissionen

Fünf Szenarien dokumentieren die Auswirkungen auf den endgültigen Energiebedarf und CO_2-Emissionen (Vergleichsgrundlage ist Szenarium 0, das die gegenwärtige Situation präsentiert):

Szenarium 0: gegenwärtige Situation
Szenarium 1: Sanierung von Gebäuden
Szenarium 2: Umstellung auf Erdgas, Erneuerung von Heizungsanlagen
Szenarium 3: Auswirkungen von neuen Konstruktionen durch Zugang von Neubauten
Szenarium 4: Lokale Wärme-Inseln mit Block-Heizkraftwerken
Szenarium 5: regenerative Energiequellen

Auswirkungen auf CO_2-Emissionen

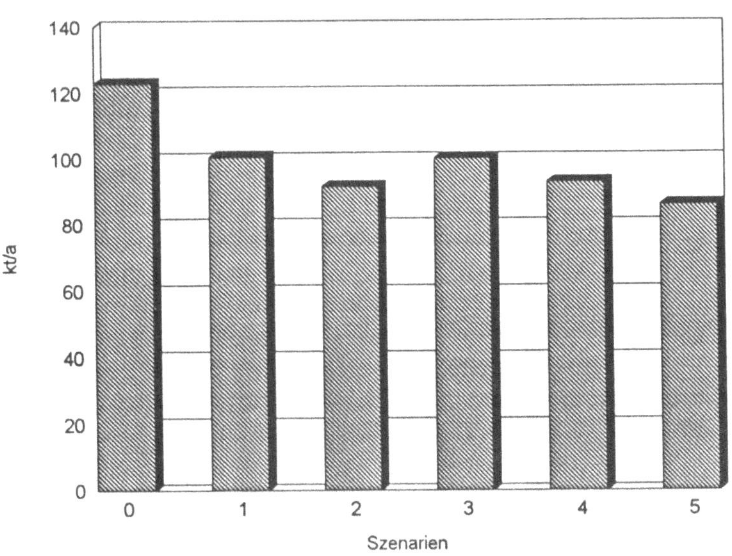

Auswirkungen auf den End-Energieverbrauch

Eine beträchtliche Reduktion, auch bezogen auf den Gesamt-Energieverbrauch, kann durch Energieeinsparung und Sanierungsmaßnahmen des Gebäudebestandes erzielt werden. Nutzung von Erdgas und die Annahme, daß die Heizungsanlagen nicht geändert werden, führt nicht zu einer deutlichen Änderung des Gesamt-Energieverbrauchs. Zur Reduktion des Energieverbrauchs müssen auch neue Kessel eingebaut werden, die in der Regel häufig bessere Jahresnutzungsgrade haben. Ergebnisse, die im Szenarium 2 erreicht werden konnten, kompensierten sich zum großen Teil durch zusätzlichen Energieverbrauch durch neu errichtete Gebäude in Szenarium 3. Kraft-Wärme-Kopplung liefert ein beträchtliches Potential zur Reduktion von CO_2-Emissionen und primären Energieverbrauch. Der endgültige Gesamt-Energiebedarf der drei Kommunen erhöht sich durch den Einsatz von Block-Heizkraftwerken, da zusätzliche lokale Energie zur Elektrizitätserzeugung gebraucht wurde. Luxemburg importiert 95% Strom aus dem Ausland. Der entscheidende Faktor jedenfalls ist, daß der globale Primär-Energieverbrauch (und damit die CO_2-Emissionen) erheblich reduziert wird im Vergleich zur "herkömlichen" separaten Wärme- und Kraft-Erzeugung. Im jeweiligen Szenarium werden die Annahmen bezüglich der Netzwärmeinseln auf den Tertiärbereich beschränkt. Das Potential regenerativer Energiequellen ist auf vielen Gebieten nicht quantifizierbar. Die angenommenen Werte sind konservative Schätzungen.

Abnahme der CO_2- Emissionen

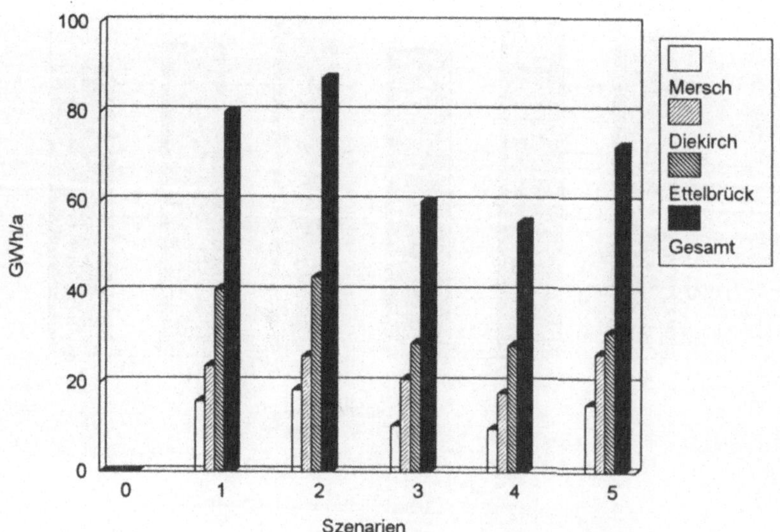

Energieeinsparungen nach Szenarien

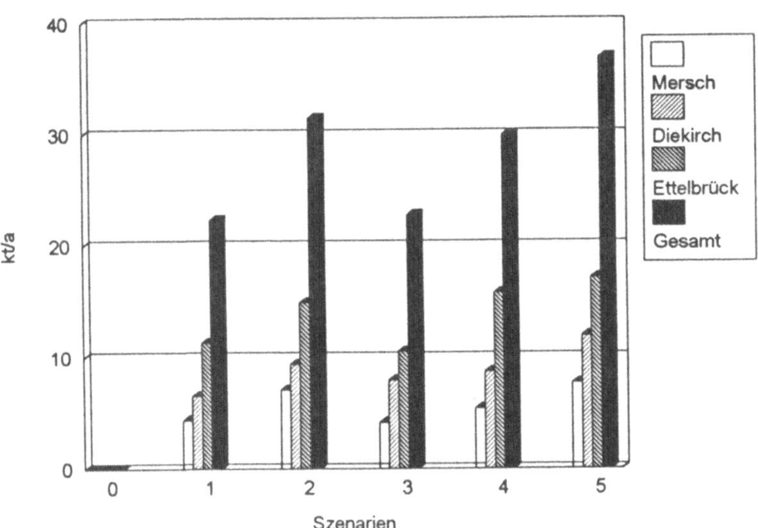

Prioritätenliste

Als Ergebnis der Ausarbeitung der verschiedenen Szenarien liegt eine Prioritätenliste vor, die den jeweiligen Kommunen Maßnahmen und Initiativen auf den folgenden Gebieten empfiehlt:

- Sanierung des Gebäudebestandes
- Nutzung von Erdgas
- energieorientierte Bauleitplanung
- Nutzung von Blockheizkraftwerken
- Nutzung lokaler Energiequellen (Wasserkraft, Klärgas)
- Ausarbeitung detaillierter Konzepte für einzelne Projekte, wie den Einsatz von Blockheizkraftwerken im Tertiärsektor, Gebäudesanierung usw.

Darüber hinaus wurden Aktionen empfohlen, die für eine rationelle Energienutzung werben und das Bewußtsein der Bevölkerung für diese Problematik schärfen sollen.

Solche Empfehlungen beinhalten zum Beispiel:

- Programme, die Energie-Sparmaßnahmen im Haushaltsbereich unterstützen
- Einrichtung von Büros innerhalb des Verwaltungsapparates der Kommunen,
  das auf Maßnahmen zur Energieeinsparung spezialisiert ist ("Energie-Büros")
- Ermutigung zu Pilot-Projekten
- Schulung bestimmter Zielgruppen (z.B. Beamte in Kommunen, Geschäftsleute am Ort, die technische Belegschaft von Firmen der Industrie).

Verknüpfung der Wasserstoff- und Erdgastechnik durch moderne Energiewandlungsverfahren

J. Gieshoff

1. Einleitung

Wasserstoff ist in chemischer Hinsicht ein außergewöhnliches Element und bietet einige Möglichkeiten, moderne Energiewandlungsverfahren einzusetzen. Besonders interessant ist dabei die Fähigkeit durch den Einsatz von Katalysatoren, Wärme ohne schädliche Emissionen beziehungsweise elektrische Energie bei hohem energetischen Wirkungsgrad bereitzustellen. Die beiden herausragenden Technologien auf der Basis von Katalysatoren sind dabei die katalytische Verbrennung und die Brennstoffzellentechnologie.

Seit einiger Zeit ist man bestrebt, diese Eigenschaften des Wasserstoffs auch für fossile Energieträger wie Erdgas nutzbar zu machen. Dabei gelten die niedrigen Schadstoffwerte als besonders attraktiv.

In diesem Artikel werden beide Technologien vorgestellt und deren Anwendung in Funktionsmustern diskutiert.

2. Darstellung der physikalisch-chemischen Grundlagen

2.1. Katalytische Verbrennung

Katalysatoren sind Stoffe, die in der Lage sind, die Kinetik einer chemischen Reaktion zu verändern. Im Falle der "positiven" Katalyse wird die Aktivierungsenergie -wie in der ersten Abbildung dargestellt- verringert und damit die Reaktionsgeschwindigkeit erhöht. Katalysatoren verändern nicht den Gleichgewichtszustand der Reaktion, der aus den thermodynamischen Größen berechenbar ist.

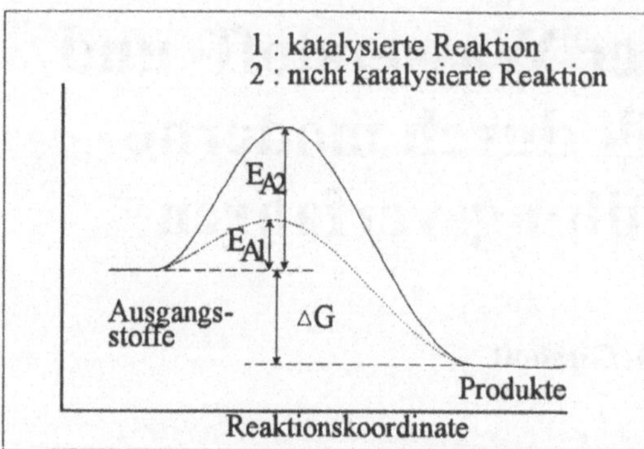

Abb. 1: Darstellung der Aktivierungsenergien für eine nicht katalysierte und eine katalysierte Reaktionsführung

Betrachtet man das Beispiel der Wasserstoffoxidation, so kennt man bereits seit 1823 die Wirkung des fein verteilten Platins als Katalysator in Form des Döbereinerschen Feuerzeuges. Platin ist für die Wasserstoffreaktion ein sehr aktives Material, das es erlaubt bereits bei Temperaturen ab -20 °C einen Reaktionsstart herbeizuführen, obwohl die Zündtemperatur von Wasserstoff in Luft 585 °C beträgt.

Die grundlegende Gleichung, die einen Zusammenhang zwischen der Reaktionsrate und den Reaktionsbedingungen darstellt, ist der Arrhenius-Ansatz :

$$r = k_0 * \exp(-E_A / R\,T) * \prod_i p_i^{\alpha_i}$$

Man erkennt, daß neben der Aktivierungsenergie E_A, die Reaktionstemperatur T, aber auch die Konzentrationen der Komponenten p_i mit den jeweiligen Reaktionsordnungen α_i von Bedeutung ist.

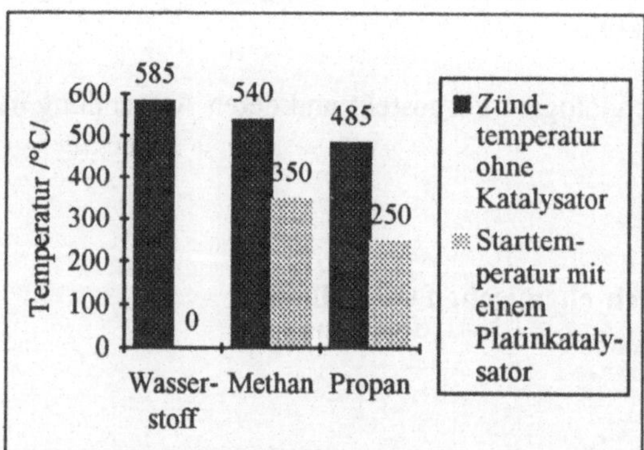

Abb. 2: Vergleich der Reaktionstemperaturen mit und ohne Einsatz eines Katalysators

Die katalytische Verbrennung von Wasserstoff an Platin ist sehr stark aktiviert. Die analoge Reaktion des Erdgases (Methan) mit Luft kann nicht schon bei Raumtemperatur gestartet werden. Hier ist eine Vorheizung des Gases oder des Katalysators notwendig. Diese Starttemperatur ist wiederum vom katalytischen Material abhängig. Jedoch zeigen auch die Kohlenwasserstoffe unterschiedliche Eigenschaften. So ist die Reaktionsstarttemperatur bei Methan an einem Platinkontakt etwa 350 °C, während diese Temperatur beim Propan aufgrund der größeren Asymmetrie des Moleküls nur noch 250 °C beträgt.

2.2. Brennstoffzellen

Abb. 3: Vergleich der Stromerzeugung durch konventionelle Kondensationskraftwerke mit einem Brennstoffzellenkraftwerk

Während bei katalytischen Brennern beide Gaskomponenten an einer katalytisch aktiven Oberfläche reagieren, kann man durch eine Auftrennung des Reaktionsraumes die Reaktionsenergie zum Teil auch als elektrische Energie abgreifen. Die elektrische Energie wird dabei direkt aus der im Wasserstoff gespeicherten chemischen Energie gewonnen, ohne den Umweg über thermische bzw. mechanische Energiewandlungsketten. Dies bildet den entscheidenden Unterschied zur konventionellen Stromerzeugung (siehe auch Abb. 3). Der elektrische Wirkungsgrad solcher Brennstoffzellen ist höher als beim durch den Carnot-Faktor limitierten Prozeß der konventionellen Kraftwerke. Als weiterer wichtiger Aspekt kommt hinzu, daß im Gegensatz zu Blockheizkraftwerken der elektrische Wirkungsgrad mit sinkender Last steigt. Die aus den thermodynamischen Daten bestimmbare Grenze liegt bei 83 %

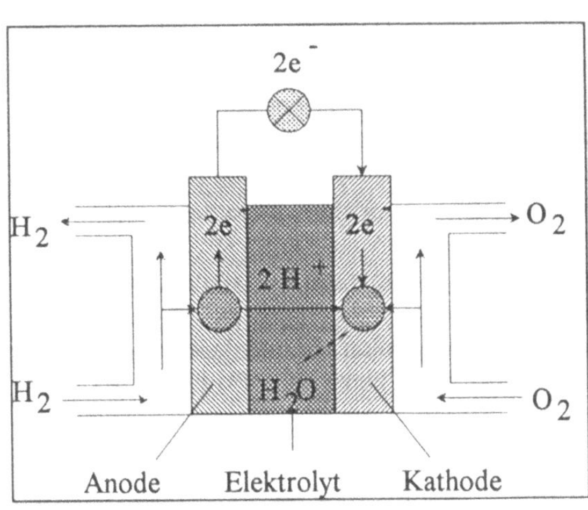

Abb. 4: Prinzipieller Aufbau einer Wasserstoff/Sauerstoff-Brennstoffzelle mit saurem Elektrolyten

Die folgende Skizze zeigt den schematischen Aufbau einer Brennstoffzellen. Dabei wird wiederum zunächst von der Wasserstoffreaktion ausgegangen.

Im wesentlichen unterscheidet man fünf Brennstoffzellentypen. Die Klassifizierung erfolgt nach der Art des Elektrolyten und der Arbeitstemperatur.

Brennstoffzelle	Brenngas Oxidant	Temperaturbereich	Elektrolyt	elektrischer Wirkungsgrad
Alkalische Brennstoffzelle (AFC)	reinst H_2 reinst O_2	60 - 90 °C	30 % Kalilauge	System : 60 - 70 % typisch : 62 %
Membran-Brennstoffzelle (SPFC)	H_2 O_2, Luft	50 - 80 °C	protonenleitende Membran (Nafion R117, Dow)	Zelle : 50 - 68 % System : 43 - 58 % (Energiebedarf des Luftverdichters)
Phosphorsaure Brennstoffzelle (PAFC)	Erdgas, Biogas, H_2 O_2, Luft	160 - 220 °C	konzentrierte Phosphorsäure	Zelle : 55 % System : 40 %
Karbonatschmelzenbrennstoffzelle (MCFC)	Erdgas, Kohlegas, Biogas (H_2) O_2, Luft	620 - 660 °C	Alkalikarbonatschmelzen Li_2CO_3, K_2CO_3	Erdgas Zelle : 65 % System : 55 - 60 % (je nach Art der Reformierung)
Oxidkeramische Brennstoffzelle (SOFC)	Erdgas, Kohlegas, Biogas, H_2 O_2, Luft	800 - 1000 °C	Yttriumstabilisiertes Zirkonoxid (ZrO_2/YO_3)	Erdgas: Zelle : 60 - 65 % System : 55 % (internes Reformieren)

Tab. 1: Brennstoffzellentypen

Die Anforderungen an die Brenngasqualität sind bei den Niedertemperaturbrennstoffzellen (T < 100 °C) sehr hoch. Vor allen Dingen CO ist ein sehr kritisches Katalysatorgift, das die Funktionsfähigkeit und Leistungsmerkmale schon bei sehr kleinen CO-Konzentrationen deutlich verschlechtert. Die alkalischen Brennstoffzellen dürfen außerdem nicht mit Kohlendioxid beaufschlagt werden.

Die Brennstoffzellen mit höheren Arbeitstemperaturen stellen geringere Anforderungen an die Wasserstoffreinheit, die durch kommerzielle Wasserstofferzeugungsanlagen (Reformer) ohne großen technologischen Aufwand zu erzielen ist. Die phosphorsaure Brennstoffzelle kann ohne Probleme bei CO-Konzentrationen von 1 - 2 vol% betrieben werden.

Für die Hochtemperatursysteme (T>600 °C) wird eine in die Zelle integrierte Refomierzone beziehungsweise die interne Reformierung diskutiert. Ein solches System koppelt sehr effektiv die Abwärme der Brennstoffzellenreaktion mit dem Wärmebedarf der Reformierreaktion.

3. Umsetzung der Prinzipien in Funktionsmuster

3.1. Katalytische Brenner für Wasserstoff

Für die katalytische Verbrennung von Wasserstoff haben sich mehrere Systeme in Funktionsmustern bereits bewährt. Für den Umbau von erdgasbetriebenen Geräten werden am Fraunhofer-Institut vor allen Dingen Diffusionsbrenner eingesetzt. Die Funktionsweise zeigt das folgende Bild :

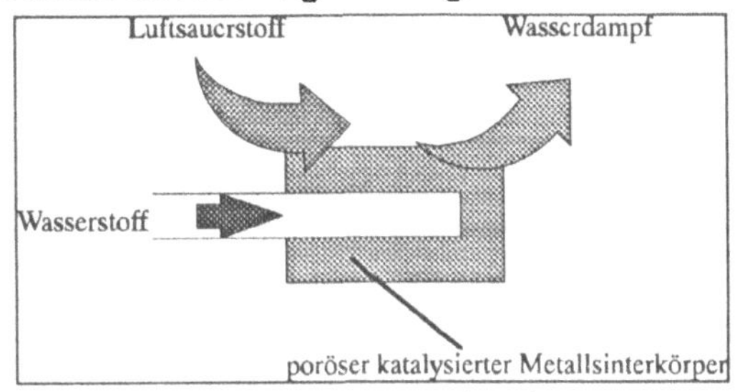

Abb. 5: Diffusionsbrenner für die Umsetzung von Wasserstoff mit Luftsauerstoff

Eine wichtige Eigenschaft dieser Brenner ist das Fehlen einer Vormischung vor der eigentlichen Reaktionszone. Der Wasserstoff wird dem Brenner ohne Primärluft zugeführt. Dadurch erzielt man einen hohen sicherheitstechnischen Standard, da eine Rückzündung über die Gasversorgungsleitung nicht möglich ist.

Im Rahmen einiger Projekte wurden bislang folgende Geräte als Funktionsmuster hergestellt:

- Gasabsorptionskühlschrank mit einer thermischen Leistung des Austreibers von 360 W
- mehrere Gaskocher mit Leistungen zwischen 800 W und 2,5 kW
- ein Lufterhitzer mit 500 W thermischer Leistung
- ein Gasdurchlauferhitzer (4 kW)

Zur Zeit wird eine Absorptionskälteanlage mit einer Brennerleistung von 32 kW und Wasserstoffbrenner für Gasheizkessel mit einer Leistung von 20 kW aufgebaut und getestet. Die Stickoxidemissionen liegen bei diesen Anwendungen unter 2 ppm.

3.2. Katalytische Verbrennung von Erdgas

Die oben beschriebene Brennertechnologie für Wasserstoff läßt sich nicht auf Erdgas übertragen. Alle bisher untersuchten Varianten der katalytischen Verbrennung von Erdgas gehen von einem vorgemischten Brenngas aus. Folgende Systeme sind bereits in der Literatur beschrieben:

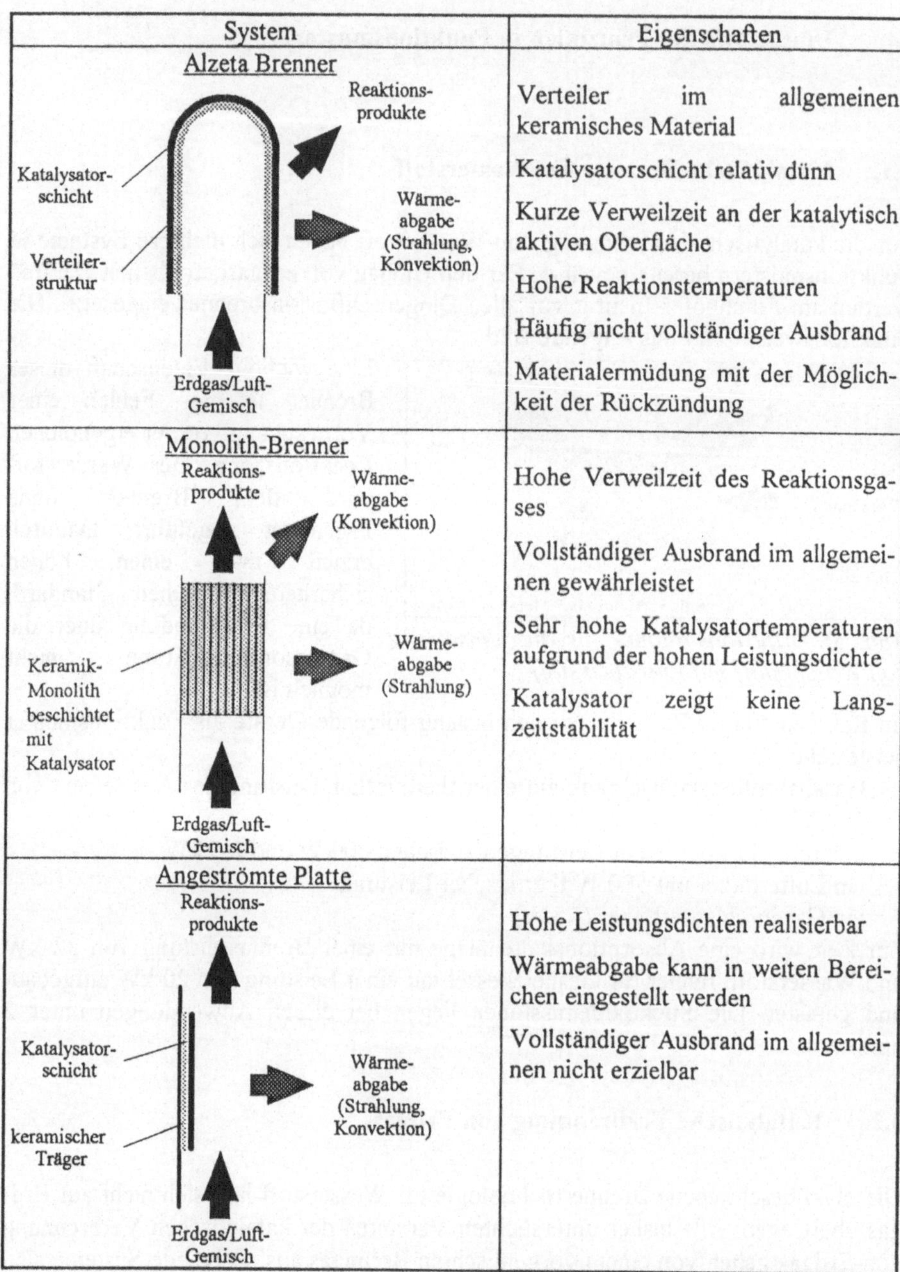

System	Eigenschaften
Alzeta Brenner	Verteiler im allgemeinen keramisches Material Katalysatorschicht relativ dünn Kurze Verweilzeit an der katalytisch aktiven Oberfläche Hohe Reaktionstemperaturen Häufig nicht vollständiger Ausbrand Materialermüdung mit der Möglichkeit der Rückzündung
Monolith-Brenner	Hohe Verweilzeit des Reaktionsgases Vollständiger Ausbrand im allgemeinen gewährleistet Sehr hohe Katalysatortemperaturen aufgrund der hohen Leistungsdichte Katalysator zeigt keine Langzeitstabilität
Angeströmte Platte	Hohe Leistungsdichten realisierbar Wärmeabgabe kann in weiten Bereichen eingestellt werden Vollständiger Ausbrand im allgemeinen nicht erzielbar

Abb. 6: Verschiedene Ausführungsvarianten katalytischer Erdgasbrenner mit ihren spezifischen Eigenschaften

Voraussetzungen für den technischen Einsatz katalytischer Brenner in Heizkesseln sind extrem niedrige Schadstoffwerte, möglichst niedrige Katalysatortemperaturen eine hohe Leistungsdichte, ein kompakter Aufbau des Brenners und der vollständige Ausbrand des angebotenen Brenngases. Die bisherigen Ansätze konnten diese Anforderungen im allgemeinen nicht erfüllen. Aus diesem Grunde wurde ein zweistufiger Brenner konzipiert, der im folgende dargestellt ist.

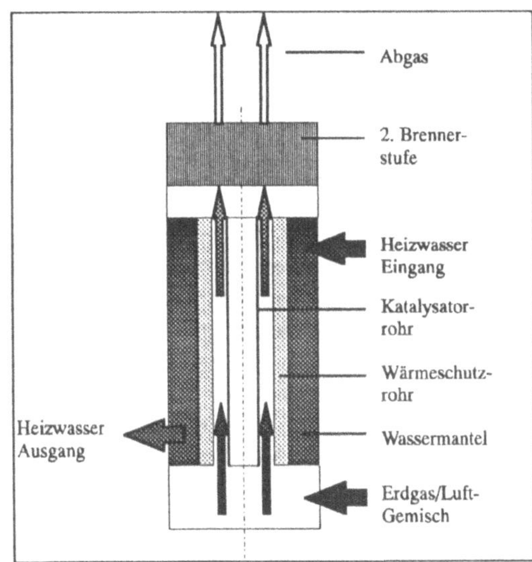

Abb. 7: Brenner für die katalytische Umsetzung von Erdgas

Im Vergleich zu herkömmlichen Gasbrennern wird dieser Brenner mit einer Luftzahl kleiner 1,1 betrieben. Dieser sehr geringe Luftüberschuß ermöglicht kleinere Abgaswärmetauscherflächen.

Die folgende Tabelle faßt die Einstellwerte und Ergebnisse zusammen :

Luftzahl	1,05 - 1,1
Methan	~ 5 ppm
Kohlenmonoxid	~ 2 ppm
Stickoxide	< 0,2 ppm
Temperaturen	800-1000 °C

Tab. 2: Zusammenfassung der Meßergebnisse des katalytischen Brenners für Erdgas

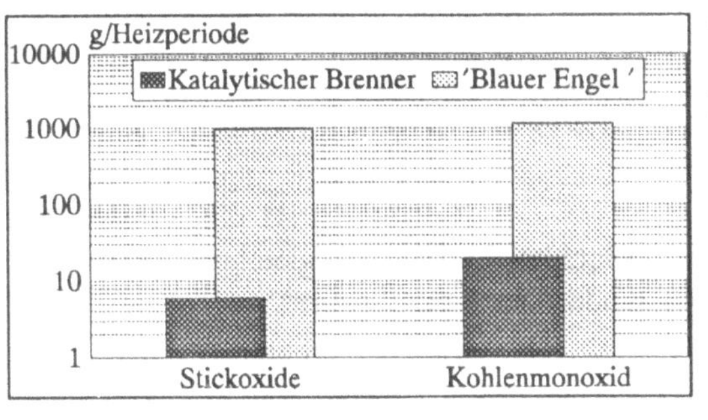

Abb. 8: Vergleich der Emissionen eines Gasheizkessel nach dem Umweltstandard 'Blauer Engel' mit den Emissionen des katalytischen Brennermoduls berechnet für eine Heizperiode

Zur Beurteilung der Meßwerte ist es interessant, den schadstoffmindernden Effekt über eine Heizperiode in einem Einfamilienhaus zu betrachten. Dabei ist ein Gasheizkessel nach dem Umweltschutzzeichen 'Blauer Engel' vorausgesetzt worden. Außerdem ist eine zu beheizende Wohnfläche von 130 m² und einem spezifischen Heizenergiebedarf von 150 kWh/a m² angenommen worden. Abbildung 8 zeigt den Vergleich.

3.3. Brennstoffzellen

In den letzten Jahren wurde die Entwicklung von Brennstoffzellen aufgrund der sehr guten energetischen aber auch hervorragenden Emissionswerte vorangetrieben. Die größte Anzahl von Brennstoffzellen sind vom Typ der phosphorsauren Systeme. Die amerikanische Firma ONSI hat eine Pilotserie von 200 kW_{elekt}-Anlagen aufgelegt und drei dieser System arbeiten in der Bundesrepublik bei verschiedenen Energieversorgungsunternehmen.
Im Rahmen des Solar-Wasserstoff-Bayern-Projektes konnten mit einer 80 kW-Brennstoffzelle von Fuji und vorgeschaltetem Reformer bereits Erfahrung gesammelt werden. Die folgende Tabelle zeigt einige technische Daten :

Elektroden (Anode, Kathode)	C / Pt / Polymer
Zellenanzahl	192
Betriebstemperatur	190 °C
Nennstrom	610 A (DC)
Nennleistung	79,3 kW_{el} 60 kW_{th}
Stromdichte	1,6 kA/m²
Elektrischer Wirkungsgrad (ohne Inverter)	51 % (*)
Gesamtwirkungsgrad (mit Inverter und therm. Nutzung)	87 % (*)
(*) Betriebsgase : reiner Wasserstoff und 50 vol% Sauerstoff	

Tab. 3: Technische Daten des 80 kW-Aggregat von Fuji in der SWB-Anlage

Bei den Niedertemperaturbrennstoffzellen werden die Polymermembranzellen energetisch weiterentwickelt. In der Bundesrepublik gibt es einige Entwicklungen bei der Siemens AG, die solche Systeme bis zu 32 kW elektrischer Leistung aufgebaut hat. Diese Systeme sind als Wasserstoff/Sauerstoff-Anlagen konzipiert. Vor allen Dingen für den dezentralen Einsatz und die Anwendung in E-Fahrzeugen sind jedoch Wasserstoff/Luft-Systeme interessant und notwendig.
Die Emissionsbilanz einer 200 kW Anlage mit Erdgas als Brenngas zeigt die Abbildung 9. Sie ist verglichen mit einem Blockheizkraftwerk gleicher elektrischer Größenordnung mit einem Emissionsstandard nach der TA Luft.

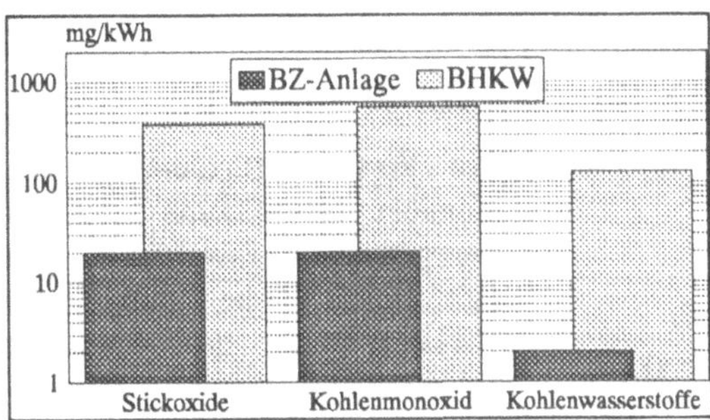

Abb. 9: Emissionsbilanz einer Brennstoffzellenanlage verglichen mit einem Blockheizkraftwerk

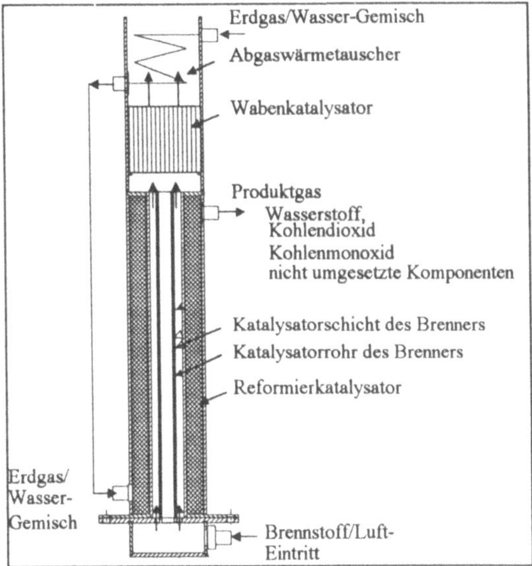

Abb. 10: Schematische Darstellung eines katalytisch beheizten Reformers

Die Verknüpfung der Wasserstofftechnik mit dem Erdgassystem geschieht durch die Reformierung. Die Reformierung ist ein endothermer Prozeß, der durch einen Flammenbrenner aufrecht erhalten wird. Die Emissionen des Brenners bestimmen die Gesamtemissionsbilanz der Brennstoffzellenanlage. Aus diesem Grund wird als eine weitere Einsatzmöglichkeit der katalytischen Verbrennung die Beheizung eines Reformers für kleine Wasserstofferzeugungsmengen untersucht. Die Ausgestaltung eines solchen Refomers zeigt schematisch Abbildung 10.

Im Rahmen eines Projektes wurde ein solcher Reformer aufgebaut und erste Meßergebnisse bestätigen die extrem niedrigen Schadstoffemissionen. Die Wasserstoffausbeute ist bezogen auf die Temperatur im Reformierkatalysator gut; sie entspricht den bei diesen Temperaturen gültigen thermodynamischen Daten.

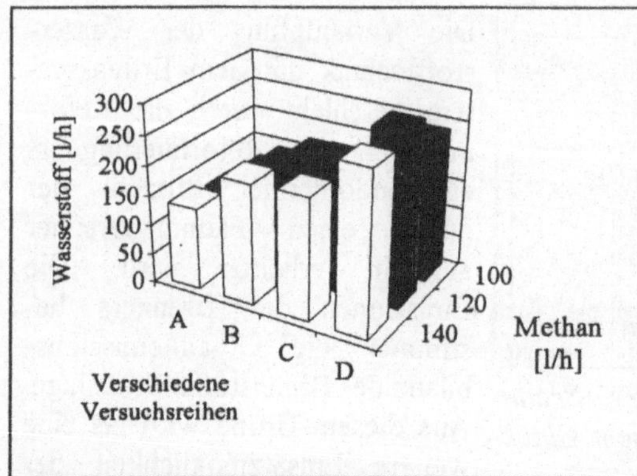

Abb. 11: Versuchsergebnisse mit einem katalytisch beheizten Reformer; die Versuchsreihen A,B,C und D stellen unterschiedliche Konzepte der Wärmeübertragung zwischen katalytischem Brenner und Reformierkatalysator dar

4. Zusammenfassung

Die Wasserstofftechnologie ermöglicht die Nutzung moderner Energiewandlungsverfahren, die sich durch hohe energetische Wirkungsgrade und minimale Schadstoffemissionen auszeichnen. Es sind dies katalytische Systeme, die als Brennstoffzellen in der Lage sind elektrische Energie zu liefern oder als katalytische Brenner zur Wärmeproduktion eingesetzt werden können.

Die Nutzung dieser Techniken für den Erdgaseinsatz ist im Falle der Wärmeerzeugung durch eine Anpassung des katalytischen Systems direkt möglich. Bei der Anwendung der Brennstoffzellen ist die Erzeugung von Wasserstoff unabdingbar. Dies kann durch das Reformieren von Erdgas geschehen. Die bereits niedrigen Stickoxidemissionen solcher Brennstoffzellenkraftwerke können durch den Einsatz katalytischer Brenner zur Beheizung des Reformers noch deutlich reduziert werden.

Beide Systeme werden aufgrund der immer weiter ansteigenden Anforderungen an die umweltrelevante Qualität von Produkten an Gewicht gewinnen. Dies zeigen die bereits bestehenden Demonstrationsverfahren und die Entwicklung von Produkten in diesen Marktsegmenten.

Konsequenzen der neuen Wärmeschutzverordnung für die Wärmedämmung von bestehenden Gebäuden und Neubauten

Dr.-Ing. Peter Bauer

1. Vorbemerkung

Seit mehreren Jahren - vorsichtig ausgedrückt - beschäftigen sich Regierungen, Baustoffindustrien, Fachverbände, Wissenschaftler u.a. mit der Erarbeitung einer Novelle zur Wärmeschutzverordnung vom 24. Februar 1982. Die die Novelle veranlaßten Aspekte des Umweltschutzes und der Energieeinsparung waren zu koordinieren mit der praktischen Handhabbarkeit der Verordnung durch die Planer, konstruktiven Möglichkeiten der praktischen Umsetzung und nicht zuletzt mit den divergierenden Interessen unterschiedlicher Baumaterialienhersteller. Durch die Beschlüsse des Bundeskabinetts vom 19. Mai 1993 und des Bundesrates vom 15. Oktober 1993 steht dem Inkraftreten der Verordnung am 1. Januar 1995 nichts mehr im Wege.

2. Gegenwärtige Bestimmungen und Vorschriften zur Wärmedämmung

Der ausreichende Wärmeschutz ist nach DIN 4108 [1] nachzuweisen. Diese Norm aus dem Jahre 1981 gibt lediglich einen Mindestwärmeschutz an, der ein hygienisches Raumklima sowie einen dauerhaften Schutz der Baukonstruktion vor klimabedingter Feuchteeinwirkung sichern soll. Ein drittes Ziel des Wärmeschutzes ist ein geringer Energieverbrauch für Heizung und Kühlung. Dieses Ziel wird mit unveränderten staatlich festgelegten Mindestanforderungen noch heute seit dem 1. Januar 1984 durch die 2. Wärmeschutzverordnung [2] realisiert.

3. Novellierte Wärmeschutzverordnung

Voraussichtlich am 1. Januar 1995 wird nach dann 11jähriger Geltungsdauer die 2. durch die 3. Wärmeschutzverordnung [3] abgelöst. Diese auf die Begrenzung des Jahres-Heizwärmebedarfs Q'_H in kWh/(m³.a) oder Q''_H in kWh/(m².a) in Abhängigkeit vom Verhältnis A/V orientierte Novelle leistet einen Beitrag zur Schonung der Umwelt, jedoch nicht den, der notwendig wäre, um die sehr hoch gesteckten Ziele des CO_2-Minderungsprogramms zu erreichen. Dies

resultiert aus der Tatsache, daß auch durch die neue Wärmeschutzverordnung die bestehenden Gebäude weitgehend nicht erfaßt werden. Da jedoch im Vergleich zum Neubau wesentlich mehr instandgesetzt, saniert bzw. modernisiert wird, geht ein großes Energiesparpotential verloren. Der Bundesrat appeliert daher sehr zu recht in seiner Entschließung vom 15.10.1993 an die Bundesregierung, nach Möglichkeiten effektiver Heizenergiesenkung im Bautenbestand zu suchen.
Wörtlich: "Der Bundesrat bittet deshalb die Bundesregierung, bis zum 1. Januar 1995 ein umfassendes Konzept der stetigen Anhebung des energiesparenden Wärmeschutzes des **Altbaubestandes** mindestens auf das Niveau der geltenden Wärmeschutzverordnung 1982 durch Information und Motivation der Haus- und Wohnungseigentümer, der Architekten und der Handwerker sowie durch Fördermaßnahmen und Ausweitung des Ordnungsrechtes vorzulegen."
Auf den Informationstagen '93 des Bundesverbandes der Deutschen Ziegelindustrie e.V. im Dezember erklärt EHM [4], daß es zum Erschließen des vorhandenen großen Reduktionspotentials im **Gebäudebestand** anderer Maßnahmen bedarf, "insbesondere massiver staatlicher Förderanreize".

4. Gegenüberstellung der Anforderungen

Eine auf die wesentlichen Bauteile begrenzte Übersicht der <u>bauteilbezogenen</u> Mindestanforderungen aus

DIN 4108,
TGL 35424,
gültiger Wärmeschutzverordnung und
Novelle zur Wärmeschutzverordnung

gibt die Tabelle 1 an.
Ersichtlich werden die meist höheren Anforderungen an den Mindestwärmeschutz von Einzelbauteilen der TGL gegenüber der DIN und die zum Teil deutlich angehobenen Forderungen der Novelle gegenüber der jetzigen Wärmeschutzverordnung.

Erläuterungen zu Tabelle 1
1) $\frac{l}{\lambda} = R$
2) Werte gelten für Wärmedämmgebiet 1
3) 25 % Fensterflächenanteil an Außenwand, k_F = 2,7 W/(m².K) und $k_{m\,W+F}$ = 1,20 W/(m².K)
4) bei bestehenden Gebäuden und Außendämmung 0,40 W/(m².K)
5) $k_{m,Feq}$
6) siehe auch Tabelle 3

Tabelle 1: Gegenüberstellung der Anforderungen

Bauteil	Mindestwärmeschutz				bauteilbez. energiesparender Wärmeschutz				
	DIN 4108 v. Aug. 81		TGL 35424 v. Dez. 85		W S V O v. Febr. 82		WSVO-Novelle v. Okt. 93		Neubau oder bestehende Gebäude[6)]
	$\frac{1}{\Lambda}$[1)]	k	R[1)2)]	k[2)]	$\frac{1}{\Lambda}$	k	$\frac{1}{\Lambda}$	k	
	m².K/W	W/m².K	m².K/W	W/m².K	m².K/W	W/m².K	m².K/W	W/m².K	
Außenwände	0,55				1,25[3)]	0,70[3)]	1,8	0,50[4)]	Neubau
nicht hinterl.		1,39	0,90	0,93					
hinterlüftet		1,32	0,80	0,94	1,5	0,60			best. Geb.
Dächer, Dachdecken	0,90 ⋮ 1,10	0,90 ⋮ 0,79	1,45 ⋮ 1,65	0,60 ⋮ 0,55	3,1	0,30	4,1	0,22	Neubau
					2,0	0,45	3,1	0,30	best. Geb.
Fußböden auf Erdreich	0,90	0,93	0,45 ⋮ 1,05	1,61 ⋮ 0,82	1,6	0,55	2,6	0,35	Neubau
Kellerdecken		0,81	0,90	0,81	1,2	0,70	1,7	0,50	best. Geb.
Fenster	Isolier- oder Doppelverglasung		doppelt verglast		(0,15)	3,1	-	0,7[5)]	Neubau
							(0,33)	1,8	best. Geb.

1) bis 6) siehe vorige Seite

Während die Forderungen an die Außenwände im Interesse der Hersteller von porosierten Massivwandbaustoffen nur gering angehoben wurden (ΔR etwa 0,5 m².K/W), steigen diese jedoch bei Dächern und Kellerdecken bzw. Fußböden auf Erdreich doppelt soviel (ΔR etwa 1,0 m².K/W). Künftig wird damit beispielsweise eine Kellerdecke im Neubau, die einer wesentlich geringeren Temperaturdifferenz ausgesetzt ist als eine Außenwand, um ΔR 0,8 m² K/W besser wärmegedämmt als die Außenwand.

Die Entwicklung der gebäudebezogenen Mindestforderungen an das energiesparende Bauen der Jahre 1977 bis 1991 verdeutlicht das Bild 1. Bewertungsmaßstab ist der maximale mittlere Wärmedurchgangskoeffizient $k_{m,max}$.

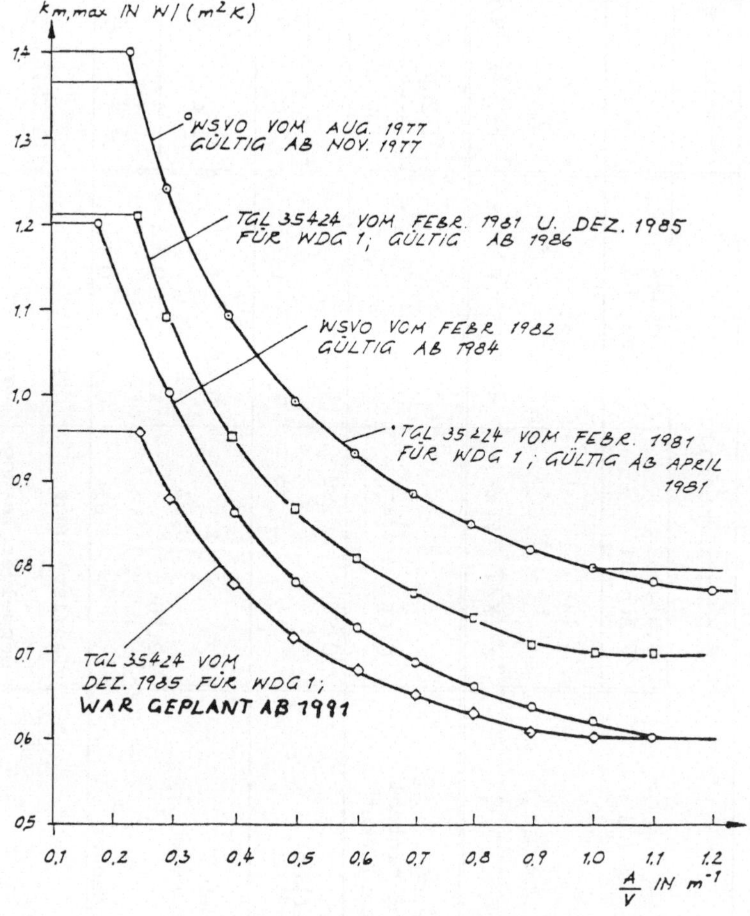

Bild 1:
Vergleich der Wärmeschutz-Mindestanforderungen nach Wärmeschutzverordnungen 1977 und 1982 sowie TGL 35424 1981 und 1985

Der Vergleich der gültigen Wärmeschutzverordnung mit der Novelle kann nur über den maximalen Jahres-Heizwärmebedarf erfolgen. HAUSER und MAAS [5] geben die in Bild 2 gezeigten Kurvenverläufe für Gebäude ohne Lüftungsanlagen an.

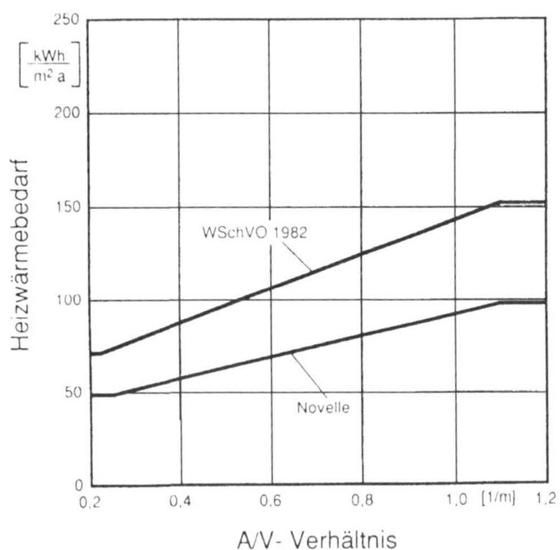

Bild 2:
Vergleich der Wärmeschutz-Mindestanforderungen nach Wärmeschutzverordnungen 1982 und Entwurf 1992 [5]

Nach dem Entwurf 1993 liegt der maximale Jahres-Heizwärmebedarf in Abhängigkeit vom Verhältnis A/V bei

54 ... 100 kWh/(m².a) bzw.
17.3 ... 32 kWh/(m³.a).

5. Wärmeschutztechnische Qualität der bestehenden Gebäude in Ostdeutschland

Um die Konsequenzen der neuen Wärmeschutzverordnung auf die Wärmedämmung von bestehenden Gebäuden aufzeigen zu können, ist die ungefähre Kenntnis der thermischen Qualität dieser Bausubstanz Voraussetzung. Hierzu gibt es eine Vielzahl von Veröffentlichungen, die aber - beobachtet man das gegenwärtige Baugeschehen - nicht ausreichend zur Kenntnis genommen werden. Ein Beispiel derartiger Veröffentlichungen ist die vom Sächsischen Staatsministerium des Innern herausgegebene für Ostdeutschland geltende Broschüre "Energiebewußtes Sanieren von Wohngebäuden im Freistaat Sachsen". [6]

Im Interesse einer wirksamen CO_2-Emissionsreduzierung ist es für die Gebäude- und Wohnungseigentümer sowie die Vorstände von Wohnungsgenossenschaften und die Verwaltungen von kommunalen Wohnungsbeständen von besonderer Bedeutung, die durchschnittliche thermische Qualität der einzelnen Bauweisen und Gebäudetypen zu kennen. Da der Heizwärmebedarf nicht proportional der Wärmedämmwerterhöhung sinkt, ist die energetische Ausgangssituation bei jeder Modernisierung von entscheidender Bedeutung. Damit ist nicht die zweite Stelle nach dem Komma gemeint, sondern die sich unterscheidenden thermischen Qualitäten der verschiedenen Außenwände. Je geringer der vorhandene Wärmeschutz eines Gebäudes, desto größer die Heizenergieeinsparung bei gleichem Dämmstoffeinsatz der Zusatzwärmedämmung. Aus dieser Tatsache heraus ergibt sich folgende Rangfolge der Modernisierung bestehender ostdeutscher Gebäude aus energetischer Sicht:

- Altbauten (Fachwerke; Ziegel, geputzt oder mit Klinkern verblendet)
- Blockbauten (Leichtbeton)
- Streifen- und Tafelbauten (Leichtbeton)
- Streifen- und Tafelbauten ("Zweischichtenplatte" mit HWL-Platte)
- Tafelbauten ("Dreischichtenplatte")
- Streifen- und Tafelbauten (Porenbeton)
- Tafelbauten ("Dreischichtenplatte", rationalisiert)

Diese Rangfolge resultiert aus

- dem unterschiedlichen energetischen Niveau besonders der der Außenwände zur Zeit des Errichtens,
- dem unterschiedlichen Erhaltungszustand aller am Wärmeverlust beteiligten Teile der Umfassungskonstruktion,
- den verschiedenen Verhältnissen von wärmeübertragender Umfassungsfläche zum hiervon eingeschlossenen Bauwerksvolumen.

Die Wärmeschutzqualität der **Außenwände** reicht

von $\frac{1}{\Lambda}$ = 0,3 m².K/W ($\hat{=}$ k = 2,1 W/(m².K))
bei ungünstigen Altbauten

bis $\frac{1}{\Lambda}$ = 1,4 m².K/W ($\hat{=}$ k = 0,65 W/(m².K))
bei Tafelbauten in Ratio-Variante.

Die Beurteilung der von vornherein eingebauten Wärmebrücken ist wiederum sehr differenziert vorzunehmen. Es soll trotzdem der Versuch unternommen werden, sie zu relativieren.

In **Altbauten** sind die Wärmebrücken meist großflächig und damit energetisch relevant (z.B. Fensternischen, Gebäudeecken, Giebelwände). Neben dem Wärmeverlust führen die Wärmebrücken - in

Abhängigkeit vom Nutzerverhalten und ggf. einer Veränderung an der Heizung - oftmals auch zu Schimmelpilz- und Tauwasserbildung. In **Blockbauten** ist diese Problematik ähnlich. Häufige großflächige Wärmebrücken sind die Gebäudeecken, die Ringanker und auskragende Balkonplatten.
Kleinflächiger und damit energetisch weniger bedeutsam sind Wärmebrücken in der **Streifen- und Tafelbauweise.** In Abhängigkeit der Baustoffart, der Fugenart und der Entwicklungsstufe sind die wesentlichen Wärmebrücken die Elementefugen, die Fensteranschläge, ggf. Fehlstellen in der Dämmschicht der "Dreischichtenplatte" und ggf. Betonkonsolen zur Wetterschutzschalenverankerung. Im Unterschied zu manch anders lautender Behauptung spielen die Wetterschutzschalenanker aus Stahl und die Windsogsicherungen ("Haarnadeln") energetisch eine ganz untergeordnete Rolle.
Die **Dächer** bzw. **Dachdecken** und **Kellerdecken** hingegen erfüllen oftmals nicht die Forderungen des Mindestwärmeschutzes nach DIN 4108 [1], die mit einem Wärmedurchlaßwiderstand von 0,90...1,10 m².K/W auch deutlich über der Forderung für Außenwände (0,55 m².K/W) liegen.
Die **Fenster** wiederum - zwei Glasebenen vorausgesetzt - sind wärmeschutztechnisch besser als ihr Ruf. Ihr Wärmedurchgangskoeffizient (k_F-Wert) ist bei Holzrahmenfenstern etwa folgendermaßen:

Thermoscheibenfenster (Isolierglas)	k_F = 2,9...2,7 W/(m².K)
Verbundfenster	k_F = 2,6...2,4 W/(m².K)
Kastenfenster	k_F = 2,5...2,3 W/(m².K)

Die Wärmeschutzqualität der Umfassungskonstruktion ist vom Erhaltungszustand vor allem der Feuchteschutzmaßnahmen (Dachabdichtung, Bauwerksabdichtung gegen Bodenfeuchtigkeit, Wasserdampfdiffusionsbegrenzung) abhängig. Je näher die einzelnen Teile der Umfassungskonstruktion an den praktischen Feuchtegehalt kommen bzw. ihn sogar unterschreiten, desto besser der Wärmeschutz. In der Regel wird dieses Ziel von allen **Außenwand**arten erreicht. Am häufigsten wurden zu hohe Feuchtegehalte in Keller- und Erdgeschoßaußenwänden (Ziegel) von Altbauten festgestellt. Dies liegt hauptsächlich in der Alterung des Abdichtstoffes und der sehr großen Kapillarität des Wandbaustoffes begründet. Die Baustoffe der Außenwände von montierten Gebäuden hingegen transportieren Wasser wesentlich schlechter. Deshalb <u>durch</u>feuchten Risse in Putz- und Normalbetonschichten die dahinter liegenden Schichten nicht. Feuchteschäden an montierten Außenwänden resultieren daher fast ausschließlich aus mangelhaften Fugen. Meist sind es Fugen zwischen den geschoßhohen Außenwandelementen (vertikal und horizontal) und Fenstereinbaufugen. Seltener sind die Blockfugen die Ursache für ungenügenden Schlagregenschutz. Eine normale Gebäudenutzung vorausgesetzt, gibt es hinsichtlich der Wasserdampfdiffusion und -kondensation bei allen Außenwandarten wenig Probleme. In bezug auf Wasserdampfkondensation am ehesten gefährdet sind die Leichtbetonaußenwände

mit keramischer Außenoberfläche und die zweischichtigen Außenwände mit innenliegender Dämmschicht.
Da die Verglasungen der **Fenster** weder reflektierend beschichtet noch mit Gas gefüllt sind, hat sich der lediglich Transmissionswärmeverluste berücksichtigende k-Wert nicht verändert. Die immer wieder geäußerte Behauptung, die alten Fenster hätten einen erhöhten k-Wert, ist falsch. Tatsache ist, daß bei fast allen Fenstern im Laufe der Zeit die Luftdurchlässigkeit der Fugen größer wird und somit der Lüftungswärmeverlust steigt.

Der Heizwärmebedarf eines Gebäudes hängt in ganz wesentlichem Maße vom Verhältnis der wärmeübertragenden Umfassungsfläche zum hiervon eingeschlossenen Bauwerksvolumen ab. Dieser Tatsache wird sowohl in der gültigen Wärmschutzverordnung [2] als auch in der Novelle [3] Rechnung getragen. Je kleiner ein Gebäude ist, desto besser müßte also der Wärmeschutz der Außenbauteile sein. In der Praxis ist dies jedoch nicht so. Bei Altbauten ist keine Gesetzmäßigkeit erkennbar, weil mit ähnlichen Außenwänden ein- bis vielgeschossig gebaut wurde. Bei der Entwicklung der Montagebauweisen der DDR hingegen nahmen sowohl die Gebäudetiefe und die durchschnittliche Geschoßanzahl als auch die thermische Qualität der Umfassungskonstruktion zu. Die Tabelle 2 veranschaulicht diese Aussage als grobe Übersicht.

Tabelle 2: Gebäudetiefe-, Geschoßanzahl- und Außenwand-k-Wertentwicklung der DDR-Wohnungs-Montagebauweisen

Jahr	Bauweise	Gebäudetiefe m	Geschoßanzahl	k-Wert der Außenwand W/(m².K)
1958	Blockbau	9,6	3 - 5	2,1 ... 1,2
↓	↓	10,8	4 - 5	↓
		12,0	6 - 11	
1989	Tafelbau	>12,0	10 - 16 und mehr	≥0,65

Nach SCHARTE [7] weisen mehr als 85 % der Gebäudehüllflächen in der ehemaligen Bundesrepublik einen unzureichenden Wärmeschutz insbesondere der Außenwände auf. Sie entsprechen nicht den Anforderungen der Wärmeschutzverordnungen aus den Jahren 1977 und 1982. Infolge des ähnlich hohen Wärmeschutzstandards der DDR in den 80er Jahren und des seit Jahrzehnten betriebenen Bauens von über 90 % mehr- und vielgeschossigen Gebäuden - das bewirkt ein energetisch günstiges A/V-Verhältnis - ist die Situation in Ostdeutschland hinsichtlich des Heizwärmebedarfs der einzelnen Wohnung ähnlich wie in Westdeutschland. Daß jedoch in Ostdeutschland mehr Heizenergie verbraucht wird, liegt an den oftmals nicht oder nicht ausreichend regulierbaren Heizanlagen und an fehlender Verbrauchsmessung.

6. Konsequenzen der neuen Wärmeschutzverordnung

6.1. Konsequenzen für die zusätzliche Wärmedämmung von bestehenden Gebäuden

Die neue Wärmeschutzverordnung [3] befaßt sich - ähnlich wie die gültige - in ihrem dritten Abschnitt mit den baulichen Änderungen bestehender Gebäude. Danach sind bei der baulichen Erweiterung eines Gebäudes um mindestens einen beheizten Raum oder der Erweiterung der Nutzfläche in bestehenden Gebäuden um mehr als 10 m² zusammenhängende beheizte Gebäudenutzfläche (z.B. Dachgeschoßausbau) die Anforderungen an Neubauten einzuhalten.
Soweit bei beheizten Räumen in Gebäuden Außenwände, Fenster, Dächer, Dachdecken, Kellerdecken oder Wände bzw. Decken gegen unbeheizte Räume erstmalig eingebaut oder auf 20 % der Gesamtfläche der jeweiligen Bauteile ersetzt (wärmetechnisch nachgerüstet) bzw. erneuert werden, sind die in Tabelle 3 zusammengefaßten k-Werte einzuhalten.

Tabelle 3: Maximaler Wärmedurchgangskoeffizient bei erstmaligem Einbau, wärmetechnischer Nachrüstung und Erneuerung von Bauteilen bestehender Gebäude mit normalen Innentemperaturen [nach 3]

Bauteil	k_{max} in W/(m².K)
Außenwände Innendämmung Außendämmung	 $k_W \leq 0,50$[1] $k_W \leq 0,40$
Dächer, Dachdecken	$k_D \leq 0,30$
Fußböden auf Erdreich, Kellerdecken	$k_G \leq 0,50$
Fenster, Fenstertüren	$k_F \leq 1,8$[1]

[1] Wert ist Forderung des Bundesrates

Wenn die zur Erfüllung der genannten Anforderungen aufzuwendenden Mittel außer Verhältnis zu der noch zu erwartenden Nutzungsdauer des Gebäudes stehen, gelten die genannten Anforderungen nicht. Da für vorhandene Gebäude nach dem Grundgesetz Bestandsschutz gilt, wird auch mit der neuen Wärmeschutzverordnung kein Eigentümer zu energetischen Verbesserungen gezwungen. Nach EHM [4] beziehen sich die Anforderungen "auf solche Maßnahmen, die der Eigentümer, aus welcher Motivation heraus auch immer, von sich aus veranlaßt und die wirtschaftlich vertretbar sind."
Da die Rechtslage einer allseitigen und umfassenden Energieeinsparung im Bereich der bestehenden Gebäude entgegensteht, ist es besonders wichtig, daß die Gebäudeeigentümer Kenntnis über die thermischen Schwachstellen der Gebäude besitzen. Oftmals ist es energetisch durchaus sinnvoll, zunächst nur die energetisch besonders unterbemessenen Teile der Umfassungskonstruktion zu verbessern. Eine Komplexmodernisierung der gesamten Umfassungskonstruktion ist - gerade bei Gebäuden der letzten 15 Jahre - sehr oft nicht nötig und bei der schwierigen finanziellen Situation vieler Eigentümer unverantwortlich.

Unter der Voraussetzung, daß der Feuchteschutz vom Kellerfußboden bis zum Dach gewährleistet ist, und damit die baustofftypische Wärmedämmung eingehalten wird, sind folgende **thermische Schwachstellen** (siehe auch Abschnitt 5.) bei einer Modernisierung vorrangig zu berücksichtigen.

***** *Dächer, Dachdecken*
Die Wirtschaftlichkeit der Verbesserung des Wärmeschutzes von Dächern hängt sehr von der technischen Lösung und der Geschoßzahl ab. Technisch ganz einfach zu lösen ist der zusätzliche Wärmeschutz in den sogenannten Drempelgeschossen von Block-, Streifen- und Tafelbauten. Erforderlich ist eine Zusatzwärmedämmung der Größenordnung von 8 cm (WLG 040).
In Hohlraumdecken ist oft eine Zusatzdämmung mit schütt- oder blasbarem Dämmaterial empfehlenswert. Bei einschaligen Dächern (Warmdächern) sollte vor der Modernisierung ein Gutachten von einer sachverständigen Stelle eingeholt werden, um zu klären, ob die Maßnahme ohne Abriß der alten Dacheindeckung erfolgen kann. Da dies meist der Fall ist, amortisieren sich die Gutachterkosten in kürzester Zeit.

***** *Kellerdecken*
Die Kellerdecken sind in fast jedem Gebäude thermisch unterbemessen und können sehr einfach zusatzgedämmt werden. Eine wirksame Verbesserung des Wärmeschutzes von ebenen Kellerdecken kann durch unterseitiges Ankleben von kaschierten Dämmplatten sehr preisgünstig erfolgen.

*** Decken über Durchfahrten**

Dieser Deckenbereich verlangt einen besonders hohen Wärmeschutz, der in der Regel nicht gewährleistet ist. Da es sich hierbei um einen prozentual sehr kleinen Bereich der Umfassungskonstruktion handelt, ist er energetisch von untergeordneter Bedeutung. Wichtig ist er jedoch aus hygienischen Gründen (Behaglichkeit) und daher keinesfalls zu vernachlässigen. Die technische Lösung kann ähnlich sein wie bei den Kellerdecken, jedoch mit einer stoßfesten äußeren Oberfläche.

*** Fensternischen**

In traditionell errichteten Gebäuden sind Fensternischen typisch. Die mit ihnen verbundene Querschnittsverminderung der Außenwand stellt eine großflächige geometrische Wärmebrücke dar. Die Tatsache, daß die Nischen oft mit Heizkörpern belegt sind, macht sie energetisch noch ungünstiger, da ein Teil der abgestrahlten Energie direkt die Wandinnenoberfläche erwärmt und infolge der größeren Temperaturdifferenz mehr Energie verloren geht. Gegenmaßnahmen sind in [8] beschrieben.

*** Fenster**

Sie sind die thermische Schwachstelle eines Raumes und sollen sie auch bleiben. Dies gilt jedoch infolge des Solarenergiegewinns nicht über 24 Stunden des Tages. Ohne Berücksichtigung des Solarenergiegewinns sollte das Fenster stets einen größeren k-Wert besitzen als die Wand. Das bedeutet, zunächst sind alle Einfachverglasungen von beheizten Räumen auszutauschen gegen mindestens Isolierverglasung. Welche Verglasungsart gewählt werden sollte, hängt von den weiteren Schwachstellen der raumumschließenden Bauteile ab. Das heute sehr oft praktizierte Austauschen der vorhandenen "Thermoscheiben"-Fenster gegen neue Fenster mit Isolierverglasung ist teuer und energetisch wenig effektiv! Ein energetisch ähnlicher Effekt wird durch Dichtung des Fensters bzw. Dichtung der inneren Flügel bei Kastenfenstern erreicht. Es ist nicht zweckmäßig, den Dichtheitsgrad heutiger Fenster zu erzielen. Dies ist besonders wichtig, wenn weder die Außenwand noch die Fensterlaibung eine Zusatzdämmung erhält.
Sind Fenster mit 2 Glasebenen nicht mehr reparabel, so sollte das neue Fenster $k_F \leq 1{,}8$ W/(m².K) besitzen. Dies kann u.U. weitere Maßnahmen zur Folge haben (z.B. Dämmung der Laibung).

*** Giebelwände**

Giebelwände haben teilweise einen geringeren Wärmeschutz als Längsaußenwände. Räume hinter Giebelwänden sind energetisch stets ungünstig, da sie mindestens 2 Außenwände besitzen. Oft sind ehemalige Gebäudetrennwände durch Baulücken zu Giebelwänden geworden und damit wärmeschutztechnisch unterbemessen. Bei einer nachträglichen Wärmedämmung eines Giebels ist diese unbedingt um die Gebäudekante herumzuziehen.

** Längswände*

Die Zweckmäßigkeit von Zusatzwärmedämmungen an Außenwänden ist aus energetischer Sicht sehr differenziert zu betrachten. Wie schon im Abschnitt 5. beschrieben, ist sie sowohl vom Außenwandtyp als auch von der Bauweise und dem Baualter abhängig. Während bei Altbauten, Blockbauten und Tafelbauten mit Leichtbetonaußenwänden oder der "Zweischichtenplatte" mit 7...8 cm Zusatzwärmedämmung (WLG 040) ein erheblicher Energiespareffekt eintritt, wird bei Tafelbauten mit Porenbeton oder der "Dreischichtenplatte" bei 4...6 cm Zusatzwärmedämmung (WLG 040) zwar annähernd der gleiche Heizwärmebedarf erreicht, jedoch ein bei weitem geringeres Energiesparpotential.

6.2. Konsequenzen für die Wärmedämmung von Neubauten

Im Bereich zu errichtender Gebäude - mit normalen oder mit niedrigen Innentemperaturen - ist die Anwendung der neuen Wärmeschutzverordnung nahezu problemlos möglich. Die Realisierung des höheren Anforderungsniveaus dürfte bei den heute zur Verfügung stehenden Baustoffen und Bauteilen für die Umfassungskonstruktion keine Schwierigkeiten bereiten.
Es stehen nach wie vor zwei Berechnungsverfahren zur Verfügung:

- die Begrenzung des Jahres-Heizwärmebedarfs Q_H, ein gegenüber der bisherigen Begrenzung des Wärmedurchgangs erweitertes und damit etwas aufwendigeres Verfahren, das dem Planer jedoch relativ viel Gestaltungsmöglichkeiten erlaubt, und

- die Begrenzung des Wärmedurchgangs einzelner Außenbauteile für kleine Wohngebäude mit bis zu zwei Vollgeschossen und nicht mehr als drei Wohneinheiten, das vom Prinzip her unveränderte "Bauteilverfahren", das zwar sehr einfach zu handhaben ist, jedoch wenig Gestaltungsmöglichkeiten zuläßt.

Durch die Möglichkeit des ersten Verfahrens, thermische Schwächen eines Bauteils, z.B. die massive einschichtige Außenwand durch andere Bauteile zu kompensieren, ist eine gewisse "Bandbreite" des Anforderungsniveaus der Bauteile möglich. Die Tabelle 4 enthält Anforderungsbereiche für die Hauptbauteile der Umfassungskonstruktion, in denen der Planer im Rahmen der vorgeschriebenen Begrenzung des Jahres-Heizwärmebedarfs variieren sollte.

Tabelle 4: Anhaltswerte für Wärmedurchgangskoeffizienten und Dämmschichtdicken (Neubau)

Bauteil	Wärmedurchgangskoeffizient k W/(m².K)	Dämmschichtdicke s bei WLG 040 cm
Dächer, Dachdecken	0,25...0,18	15 ... 22
unterer Gebäudeabschluß	0,5 ...0,35	7 ... 10
Außenwände	0,6 ...0,35	6 ... 10
Fenster	2,0 ...1,3	-

Interpretation der Tabelle 4:

. Da die Dachdämmung relativ einfach und kostengünstig ist, sollte sie von hoher Qualität sein.

. Mit WLG 035 läßt sich die Dämmschichtdicke um 12,5 % reduzieren.

. Da die bauteilbezogene Forderung der neuen Wärmeschutzverordnung für den unteren Gebäudeabschluß mit k_G = 0,35 W/(m².K) energetisch nicht plausibel ist, könnte hier ggf. etwas Dämmaterial gespart werden.

. Bei mehrschichtigen Außenwänden sollte der k_W-Wert deutlich unter 0,5 W/(m².K) liegen, um den im Verhältnis zum Dach und zum unteren Gebäudeabschluß großen Wärmeverlust zu reduzieren. Ein niedriger k_W-Wert läßt auch größere Variabilität bei den Fenstern zu.

. Beidseitig verputztes Mauerwerk der Dicke 36,5 cm und der Wärmeleitfähigkeit $\lambda \hat{=}$ 0,25 W/(m.K) ist möglich, wenn die anderen Außenbauteile einen so hohen Wärmeschutz gewährleisten, daß der maximale Jahres-Heizwärmebedarf nicht überschritten wird.

. Im Neubau sollten als Fenster in der Außenwandebene nur noch solche mit der Qualität der Wärmeschutzverglasung verwendet werden.

Nach EHM [4] liegen die Erhöhungen der Bauwerkskosten durch Anwendung der neuen Wärmeschutzverordnung lediglich zwischen 1,5 bis 3 %.

7. Zusammenfassung

Um im Bauwesen einen wesentlichen Beitrag zur Reduktion des CO_2-Ausstoßes leisten zu können, müssen Wege gefunden werden, vor allem den Heizwärmebedarf in bestehenden Gebäuden zu senken. Dies kann am effektivsten in Altbauten, Blockbauten und Streifen- sowie Tafelbauten mit Außenwänden aus Leichtbeton oder als "Zweischichtenplatte" geschehen. Thermische Verbesserungen von Porenbetonaußenwänden und "Dreischichtenplatten" der Tafelbauweise bewirken ein nur sehr geringes Energiesparpotential.
Bauteilbezogen sollten die Dach- und Kellerdecken aller Gebäudetypen das Primat besitzen. Im Außenwandbereich sind besonders die wärmebrückenbehafteten Teile der Altbauten und die Außenwände aus Leichtbeton mit Zusatzdämmungen zu versehen. (Vorsicht bei Innendämmung; sie verlangt vom Planer besondere Fachkenntnis.)
Das Fenster verlangt eine besonders komplexe Betrachtungsweise. Das hierzu die meisten Gebäudeeigentümer und leider auch viele Planer nicht in der Lage sind, beweisen die ständig zunehmenden Bauschäden als Folge vom Einbau neuer Fenster; oft in Verbindung mit Änderungen an der Heizanlage.

Die Handhabung der neuen Wärmeschutzverordnung im Neubau ist relativ unproblematisch, so daß in der Zusammenfassung lediglich auf Tabelle 4 verwiesen wird.

Die in diesem Vortrag großteils pauschalisierten Aussagen sollen lediglich den Blick für's Ganze weiten, können und sollen aber nicht die notwendigen Untersuchungen im Einzelfall ersetzen. Aus der Kenntnis vieler Bauschäden und oftmals unwirtschaftlicher Modernisierungen sowie der gerätetechnischen Ausstattung heraus, bietet die MFPA Leipzig u.a. folgende Dienstleistungen an:

- Beratung, einschließlich Gutachten
- k-Wert-Messung (keine Thermografie, weil für den Zweck ungeeignet)
- Luftschall-Messungen (auch Trittschall möglich)
- sämtliche Nachweisführungen nach Vorschriftenwerk
- Außenwanddiagnostik (Ziegel, Beton, Bewehrung, Verankerung)
- Variantenvergleiche

L I T E R A T U R

[1] Norm DIN 4108 T2 August 1981
Wärmeschutz im Hochbau - Wärmedämmung und Wärmespeicherung; Anford. u. Hinweise f. Planung u. Ausführung

[2] Verordnung über einen energiesparenden Wärmeschutz bei Gebäuden (Wärmeschutzverordnung) vom 24. Februar 1982

[3] Entwurf zur Verordnung ... (wie [2]) vom 19. Mai 1993 mit Änderungsvorschlägen des Bundesrates vom 15. Oktober 1993

[4] Ehm, H.: Die Neufassung der Wärmeschutzverordnung, Manuskriptdruck eines Vortrages anl. der Infotage '93 des Bundesverbandes der Deutschen Ziegelindustrie e.V.

[5] Hauser, G. und Maas, A.: Konsequenzen der neuen Wärmeschutzverordnung: Konstruktion und Gestaltung, Manuskriptdruck eines Vortrages anl. der Fach-Seminare zur neuen Wärmeschutzverordnung von IVH, KS und DBZ

[6] Energiebewußtes Sanieren von Wohngebäuden im Freistaat Sachsen, Hrsg. Sächsisches Staatsministerium des Innern, 1993

[7] Scharte, N.: Nachträgliche Wärmedämmung - Verbesserung des Wärmeschutzes von Außenwänden bestehender Gebäude, Bausanierung 4 (1993), H. 6, S. 537-542

[8] Bauer, P.: Verbesserung des Wärmeschutzes von traditionell und industriell errichteten Gebäuden, Energieanwendung 43 (1994), H. 2

Energiesparende Gebäudelüftung in industriell errichteten Wohngebäuden

Dipl.-Ing. Ehrenfried Heinz, IEMB e.V. Berlin

1. Vorbemerkung

Die Gebäudeheizung von Haushalten und Kleinverbrauchern war 1991 mit ca. 27% am gesamten Endenergieverbrauch von 9423 PJ /1/ beteiligt. Erfahrungsgemäß entfallen davon ca. zwei Fünftel (mit steigender Tendenz) auf die Erwärmung der in den Gebäuden benötigten Außenluft. Das waren 1991 immerhin 1000 PJ. Dafür wurden ca. $110 \cdot 10^6$ t CO_2 freigesetzt.

Diese Zahlen machen die Bedeutung der Gebäudelüftung für Energieeinsparung und CO_2-Emissionsminderung deutlich. Um die Zielsetzung der Bundesrepublik Deutschland, bis zum Jahre 2005 die CO_2-Emission um 25 % zu reduzieren, realisieren zu können, müssen deshalb auch bei der Gebäudelüftung die vorhandenen Einsparreserven ausgeschöpft werden. Davon sind der Neubau und wegen seines wesentlich höheren Potentials aber vor allem der Gebäudebestand betroffen.

2. Notwendigkeit der Lüftung von Wohngebäuden

Der Entwurf der neuen Wärmeschutzverordnung trägt der Forderung nach Energieeinsparung mit der alten und neuen Festlegung einer definierten Gebäudedichtheit Rechnung, die in einem Fugendurchlaßkoeffizienten von 1,0 $m^3/(h\ m\ daPa^{2/3})$ für Fenster in Gebäuden mit mehr als 2 Vollgeschossen ihren Ausdruck findet. Gleichzeitig wird für die Ermittlung des lüftungsseitigen Heizenergiebedarfes ein "zeitlicher Mittelwert des Außenluftwechsels von mindestens 0,5/h und höchstens 1,0/h" vorgeschrieben.

Die Einhaltung dieses Bereiches ist aus zwei bzw. bei Vorhandensein von raumluftabhängigen Feuerstätten aus folgenden drei Gründen notwendig:

<u>Zur Sicherung des hygienisch notwendigen Außen- (Frisch-)Luftbedarfs</u>

Der hygienisch notwendige Außenluftbedarf resultiert aus der Notwendigkeit des Abtransportes von Schad- und Geruchsstoffen, die in der Wohnung frei werden durch den Menschen selbst; aus dem Gebrauch von Lösungsmitteln in Holzschutzmitteln, Anstrichstoffen und Klebern, Reinigungsmitteln, Kosmetika und Tabakerzeugnissen; aus Bindemitteln in Möbeln und Raumtextilien (Formaldehyd) und aus Baustoffen und dem Erdreich (Radon).

Ausreichend Außenluft wird aus hygienischer Sicht zugeführt, wenn der CO_2-Gehalt der Raumluft nicht mehr als 0,1 Volumen-Prozent (1000 bis 1500 ppm) beträgt (Pettenkofer-Maßstab). Bei einer CO_2-Abgabe des Menschen von 0,02 m^3/h und einem CO_2-Gehalt der Außenluft von 0,04 Vol-% entspricht das einem Luftvolumenstrom von 33 m^3/h je Person.

Zum Schutz des Gebäudes vor Feuchtigkeitsschäden

Feuchtequellen in der Wohnung sind alle Speisenzubereitungsvorgänge, Feuchtreinigungs- und Trockenprozesse, Wannen- und Duschbäder, freie Wasserflächen, Zimmerpflanzen, Haustiere und der Mensch selbst. In einer 100 m^2-Modellwohnung mit 3 Personen werden ohne Berücksichtigung von Wäschetrocknung in der Wohnung im Durchschnitt täglich 12 l Wasser an die Raumluft und an die Umfassungskonstruktion abgegeben. Um Tauwasserbildung und in deren Folge Schimmelpilzbildung bis hin zu Schäden an der Baukonstruktion zu vermeiden, müßten dieser Wohnung stündlich mindestens 60 bis 85 m^3 Außenluft zugeführt werden /8/. Der niedrige Wert gilt für Temperaturen unter -5° C, der obere für den Bereich der Heizgrenztemperatur (12 bis 15° C).

Zur Sicherung des Verbrennungsluftbedarfes für raumluftabhängige Feuerstätten

Gasfeuerstätten und Feuerstätten für feste Brennstoffe benötigen für die vollständige Verbrennung ca. 1,7 bis. 2,0 m^3 Luft je Stunde und je kW Heizleistung. Kann der Verbrennungsluftbedarf nicht in ausreichendem Maße gedeckt werden, entstehen in unzulässiger Höhe Schadstoffe, von denen das Kohlenmonoxid (CO) den Hauptrisikofaktor darstellt.

Für den Planer von Lüftungsanlagen sind die in der neuen Wärmeschutzverordnung festgelegten Mittelwerte des Außenluftwechsels in Übereinstimmung mit den oben genannten notwendigen Luftvolumenströmen in der DIN 1946 Teil 6 (E) als Luftvolumenströme für die Bemessung von Einrichtungen zur freien Lüftung sowie von raumluftechnischen Anlagen (RLT-Anlagen) in Abhängigkeit von der Wohnungsgröße und/oder der Personenbelegung angegeben (siehe Tabelle 1). Bei Vorhandensein fensterloser Räume sind darüber hinaus die Abluftvolumenströme entsprechend der Betriebsdauer der RLT-Anlage in Tabelle 2 aufgeführt /2/.

Tabelle 1: Planmäßige Außenluftvolumenströme für die einzelnen Wohnungsgruppen ohne Berücksichtigung fensterloser Räume (Küche, Bad-/WC-Raum) nach DIN 1946 Teil 6 (E) /2/

Wohnungs-gruppe	Wohnungs-größe [1] m²	Geplante Belegung Personen	Bei freier Lüftung[2] m³/h	1/h	Bei maschineller Lüftung m³/h	1/h
I	≤ 50	bis 2	60	≥ 0,48	60	≥ 0,48
II	> 50 ≤ 80	bis 4	90	0,45... 0,72	120	0,6... 0,96
III	> 80	bis 6	120	≤ 0,6	180	≤ 0,9

Tabelle 2: Planmäßige Abluftvolumenströme für fensterlose Räume nach DIN 1946 Teil 6 (E) /2/

Raum	Abluftvolumenstrom in m³/h	
	bei Betriebsdauer ≥ 12 h/d	bei beliebiger Betriebsdauer
Küche / Kochnische (Grundlüftung)	40	60
Küche (Intensivlüftung)	200	200
Bad-Raum (auch mit WC)	40	60
WC-Raum	20	30

1) Wohnfläche innerhalb der Gebäudehülle

2) Diese Werte gelten auch für die Grundlüftung bei maschineller Lüftung

3. Systeme zur Lüftung von Wohngebäuden

Die gebräuchlichen Wohnungslüftungssysteme zeigt die folgende Übersicht:

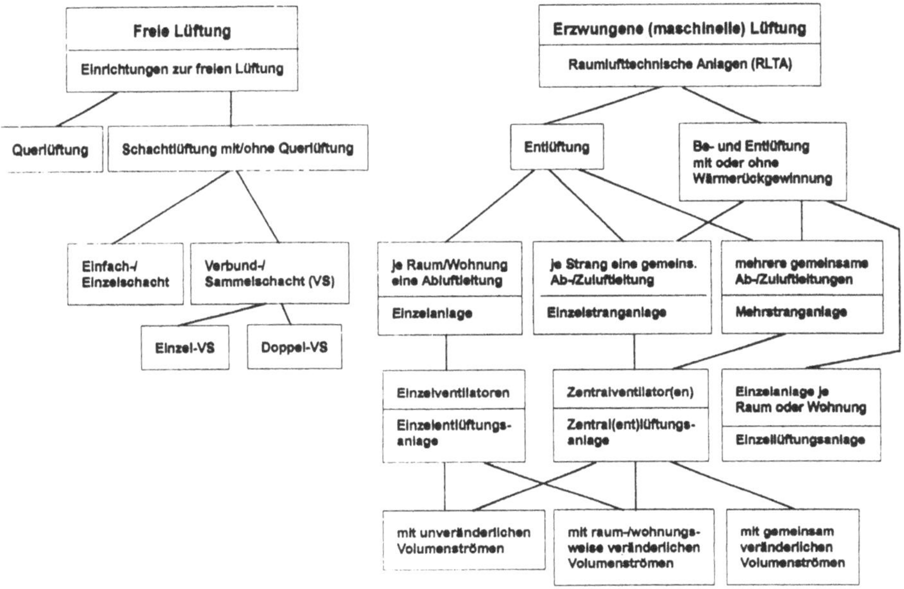

Die **freie Lüftung** ist in Deutschland mit fast 90 % /3/ das am weitesten verbreitete Lüftungssystem. Ihre Antriebskräfte sind Wind und thermischer Auftrieb. Treten diese infolge ungünstiger meteorologischer Bedingungen nicht oder nur in ungenügendem Maße auf, verringert sich die Wirksamkeit der Lüftung bis auf Werte, die häufig unter den Mindestanforderungen liegen. Da andererseits in der Heizperiode eine Überfunktion auftreten kann, sind relativ hohe Heizenergieaufwendungen zu verzeichnen.

Neben den natürlichen Antriebskräften wirken sich auch bauwerksbedingte Faktoren behindernd oder begünstigend auf die Wirksamkeit der Lüftung aus. Zu den wichtigsten zählen die Luftdurchlässigkeit der Gebäudehülle, die Gebäudehöhe und die Grundrißgestaltung der Wohnung (z.B. Vorhandensein fensterloser Räume oder Orientierung der Wohnung nach nur einer Fassadenseite).

Als technische Hilfsmittel der freien Lüftung dienen die Einbau- und Funktionsfugen des geschlossenen Fensters und ggf. der Außentür (nicht Wohnungseingangstür), der Außenluftdurchlaß, der Lüftungsschacht mit Abluftdurchlaß und Dachüberhöhung einschließlich Herdhaube und für den kurzzeitigen Ausnahmefall auch das geöffnete Fenster.

Bei Wohnungen mit reiner Querlüftung kann die Lüftung nur über Gebäudeundichtheiten bzw. geöffnete Fenster erfolgen. Abhängig vom Zustand der Fenster, deren Fugendurchlässigkeit und dem Lüftungsverhalten der Bewohner schwankt der Luftaustausch zwischen ungenügend und überdurchschnittlich. Querlüftung ist deshalb die unvollkommenste Art der Wohnungslüftung, die die gestellten Anforderungen nur teilweise, bezüglich Energieeinsparung jedoch gar nicht erfüllt.

Besitzen quergelüftete Wohnungen zusätzlich im Bad-/WC-Raum und/oder in der Küche einen Abluftschacht, verbessert sich die Lüftungswirkung bei Außentemperaturen unter der Raumtemperatur. Voraussetzung ist, daß ständig genügend Außenluft über die Gebäudehülle nachströmen kann. Das ist häufig nach dem Einbau neuer Fenster mit umlaufenden Dichtprofilen nicht mehr gewährleistet.

Die in industriell errichteten Wohngebäuden verwendeten Abluftschächte sind fast ausschließlich als Verbundschächte ausgeführt worden (siehe Bild 1), die in Deutschland wegen ihrer Nachteile (z.B. ist Abluftübertritt in andere Wohnungen nicht auszuschließen) nicht mehr genormt sind (DIN 18017 Teil 2 wurde zurückgezogen). Sie sind darüber hinaus überwiegend in einem schlechten Zustand und erfüllen nur in seltenen Fällen die Dichtheitsanforderungen, die an Luftleitungen gestellt werden. Die Luftdurchlässe sind häufig nicht gereinigt und in einzelnen Fällen auch verschlossen worden.

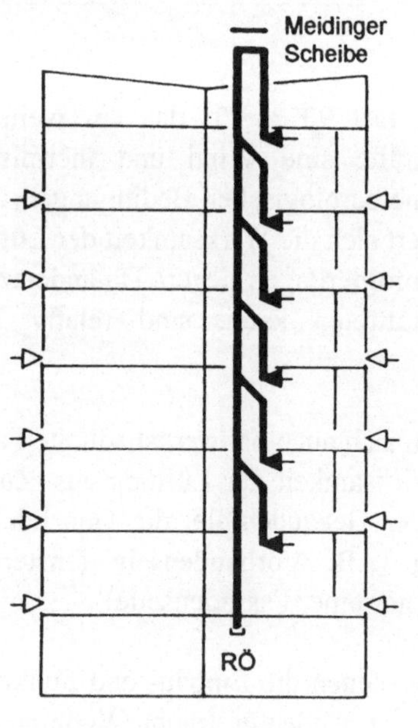

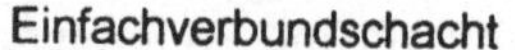

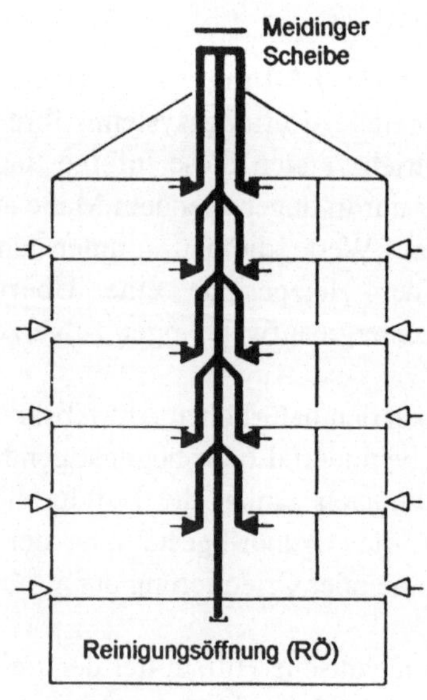

Bild 1: Freie Lüftung mit Verbundschächten

Bei der **erzwungenen (maschinellen) Lüftung** wird der Luftaustausch mit Maschinenkraft bewirkt. Er ist weitgehend unabhängig von meteorologischen Einflußfaktoren. Wind und/oder thermischer Auftrieb wirken nur noch bis zu einem gewissen Grade unterstützend, häufig jedoch auch als Störgrößen. Bei reinen Abluftanlagen ist dieser Einfluß größer, weil die Gebäudehülle noch eine gewisse Undichtheit zum Nachströmen der Außenluft über Fugen und/oder Außenluftdurchlässe aufweisen muß. Sind Zu- und Abluftanlagen vorhanden, kann und muß die Gebäudehülle so dicht wie möglich ausgeführt werden. Durch die Dichtheit kann die fast vollkommene Unabhängigkeit dieses Lüftungssystems von meteorologischen Einflüssen erzielt und dadurch die wichtigste Voraussetzung für eine "kontrollierte Lüftung" erfüllt werden.

Die technischen Hilfsmittel der maschinellen Lüftung sind RLT-Anlagen mit den hauptsächlich anzutreffenden Bauelementen

- Ventilator(en),
- Luftleitungen mit Luftdurchlässen, -filtern, -klappen und Schalldämpfern,
- Lufterwärmer und/oder Wärmerückgewinnungs-Einrichtungen bei Be- und Entlüftung und
- Steuer- und Regelungseinrichtungen.

Die vorhandenen maschinellen Lüftungsanlagen sind größtenteils Zentralentlüftungsanlagen "mit unveränderlichen Volumenströmen" oder "mit nur gemeinsam veränderlichem Gesamtvolumenstrom" (nach DIN 18017 Teil 3 /5/). Sie sind untergliedert in Mehr- und Einzelstranganlagen. Das Schema einer Mehrstranganlage zeigt Bild 2.

Vorteile der Mehrstranganlagen:

- Nur ein instand zu haltender Ventilator für mehrere Stränge und
- geringere Geräuschbelästigung der Anlieger

Nachteile:

- Höherer Antriebsenergieverbrauch wegen längerer Luftwege und dadurch verursachter größerer Leckverluste und
- aufwendige bzw. teilweise nicht mögliche Instandhaltung/Reinigung der Drempel- und vertikalen Luftleitungen

Die bei allen Anlagen eingesetzten Ventilatoren sind
- meist unregelbar und nur manuell oder über eine Zeitschaltuhr abschaltbar oder
- bei Mehrstranganlagen (in Berlin) über einen polumschaltbaren Motor zweistufig zu betreiben.

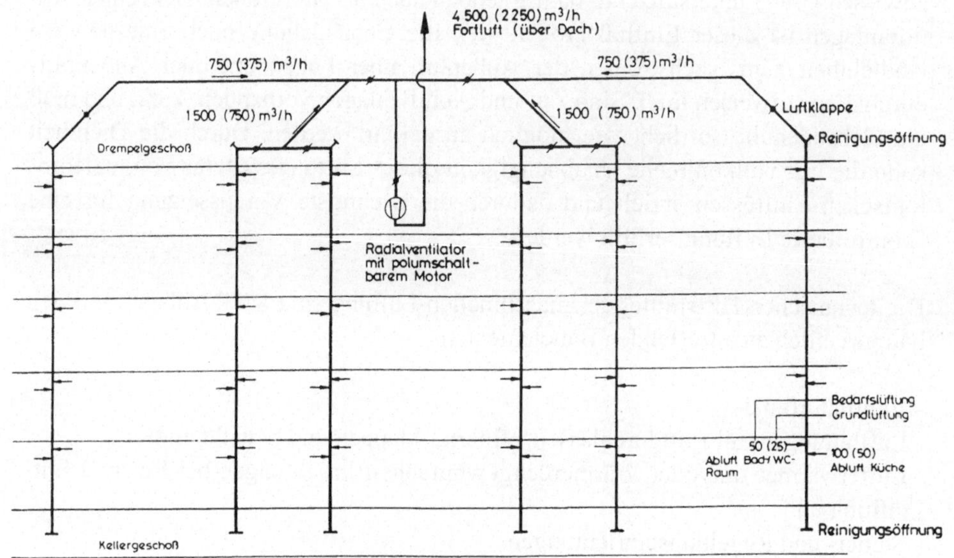

Bild 2: Strangschema einer Mehrstrang-Abluftanlage

Be- und Entlüftungsanlagen wurden ausschließlich in Wohnhochhäusern (> 8 Geschosse) installiert, wobei die Zuluft nach Filterung und Erwärmung entweder direkt in Küche und/oder Bad-/WC-Raum oder in den Flur eingebracht wird. Dadurch muß der Wohnbereich zusätzlich frei gelüftet werden (Querlüftung), was doppelten Heizenergieaufwand zur Folge hat. Die Betriebsweise entspricht der der Entlüftungsanlagen.

Positiv anzumerken ist, daß weit verbreitet wirksame Herd-Ablufthauben und in Hochhäusern ab 10 Geschosse geteilte Sammelleitungen zur Begrenzung der Strömungsgeschwindigkeit eingebaut worden sind.

Die Luftleitungen, die nicht aus Stahlblech (Kanäle, Wickelfalzrohre) oder Aluminium (Flexrohr) gefertigt worden sind, erfüllen nicht die Dichtheitsforderungen nach DIN. Alle im Drempel verlegten Leitungen und Bauelemente sind selten oder nicht instand gehalten und gereinigt worden. Die Abluftdurchlässe sind weitgehend ohne Filter eingebaut und von den Mietern häufig manipuliert worden.

4. Maßnahmen zur Minimierung des Lüftungsenergiebedarfs

Prämisse aller Energiesparmaßnahmen bei der Wohngebäudelüftung ist die Gewährleistung der aus den vorn genannten Gründen notwendigen Mindestlüftung. Sie sollte sich aus einer ständigen Grundlüftung und einer zeitweilig zuschaltbaren Bedarfslüftung zusammensetzen. Als Faustregel gilt, daß für die normal belastete Wohnung folgender Luftwechsel (bezogen auf die gesamte Wohnung) ausreichend ist:

- Grundlüftung → 0,5/h im Jahresmittel

- Bedarfslüftung → (0,8 bis 1,0)/h bei erhöhtem Lastaufkommen.

Soll Energie eingespart werden, bieten sich anstelle der Reduzierung des unverzichtbaren Mindest-Luftwechsels, z.B. durch Außerbetriebnahme der Grundlüftung in Verbindung mit der Abschaltung der Beleuchtung von fensterlosen Räumen, besser folgende Maßnahmen an:

- Kontrolle der Lüftung durch richtige Systemwahl

  Generell gilt: Je geringer die meteorologischen Einflüsse auf die Lüftung sind, d.h. je besser die Antriebskräfte kontrolliert werden können (durch Installation von Ventilatoren) und je dichter die Gebäudehülle ist, desto geringer wird der Heizenergieverbrauch. Analytische Untersuchungen /4/ führten zu dem Ergebnis, daß Gebäude mit maschinellen Entlüftungsanlagen bis zu 60 % weniger Heizenergie verbrauchen als Gebäude mit Schachtlüftung, deren Hülle so undicht ist, daß im jährlichen Mittel einer Heizperiode die Mindestlüftung um nicht mehr als 20 % unterschritten wird. Als Resultat eigener Berechnungen zeigt Tabelle 3, wie groß der Heizenergiebedarf, aber auch der zusätzlich erforderliche Antriebsstromverbrauch für die Ventilatoren, bei unterschiedlichen Lüftungssystemen sind.

  Die Werte der Tabelle 3 zeigen deutlich die energetischen Vorteile der Ventilatorlüftung, die durch die Möglichkeiten gekennzeichnet sind

  - einerseits die Außenluft mengenmäßig kontrolliert ab- und evtl. zuführen (Spalten 1 und 2: 0,5/h + 0,1/h) und

  - andererseits das Gebäude wesentlich dichter ausführen und damit die (zusätzliche) freie Lüftung reduzieren zu können (Spalte 3: Von 1/h auf 0,2/h bzw. 0,1/h).

Die neue Wärmeschutzverordnung trägt dem durch Boni für den Nachweis des Lüftungswärmebedarfes von maschinell betriebenen RLT-Anlagen Rechnung. Anlagen ohne Wärmerückgewinnung (WR) erhalten 5 %, solche mit WR 25 %.

- Richtige Dimensionierung der ausgewählten RLT-Anlagen

  - Wahl der Luftvolumenströme unter Beachtung der von der Gebäudedichtheit abhängenden zusätzlichen freien Lüftung nur so groß wie nötig

  - Auslegung der Luftleitungen mit wenig Einzelwiderständen und niedrigen Luftgeschwindigkeiten (max. 6 m/s in Haupt- und 4 m/s in Nebenleitungen), z.B. auch durch geteilte Hauptleitungen

  - Bevorzugter Einsatz von Ventilatoren mit hohem Wirkungsgrad

- Richtige Luftführung in der Wohnung: Außen-(Zu-)luft den Räumen mit geringer Luftbelastung (Wohn-/Schlafbereich) zuführen, Abluft aus den Räumen mit höherem Lastanfall (Küche, Bad-/WC-Bereich) abführen

- Luftabsaugung in Küchen über Herdhauben mit hohem Erfassungsgrad für frei werdende Lasten

- Dichte Ausführung der Luftleitungen und ihrer Einbauten entsprechend DIN V 24194 Teil 2 /6/.

- In Abhängigkeit von der Systemart die Gebäudehülle inclusive der Wohnungseingangstüren (vor allem in den unteren Etagen) so dicht wie möglich ausführen und bei Notwendigkeit nach DIN 1946 Teil 6 (E) Außenwand-Luftdurchlässe mit selbsttätig regelnder oberer Volumenstrombegrenzung (Wirkungsweise siehe Bild 3) ausrüsten.

Alle vorgenannten Maßnahmen können nur dann zum Erfolg führen, wenn auch der Wohnungsnutzer nicht nur über Funktion, Zweck und Sinnfälligkeit derselben ausreichend informiert ist, sondern auch sein Verhalten entsprechend darauf abstimmt. Ist das nicht der Fall, kann selbst bei Installation der hochwertigsten Anlagentechnik u.U. der Heizwärmeverbrauch infolge zusätzlicher überzogener Fensterlüftung nicht merklich abgesenkt werden.

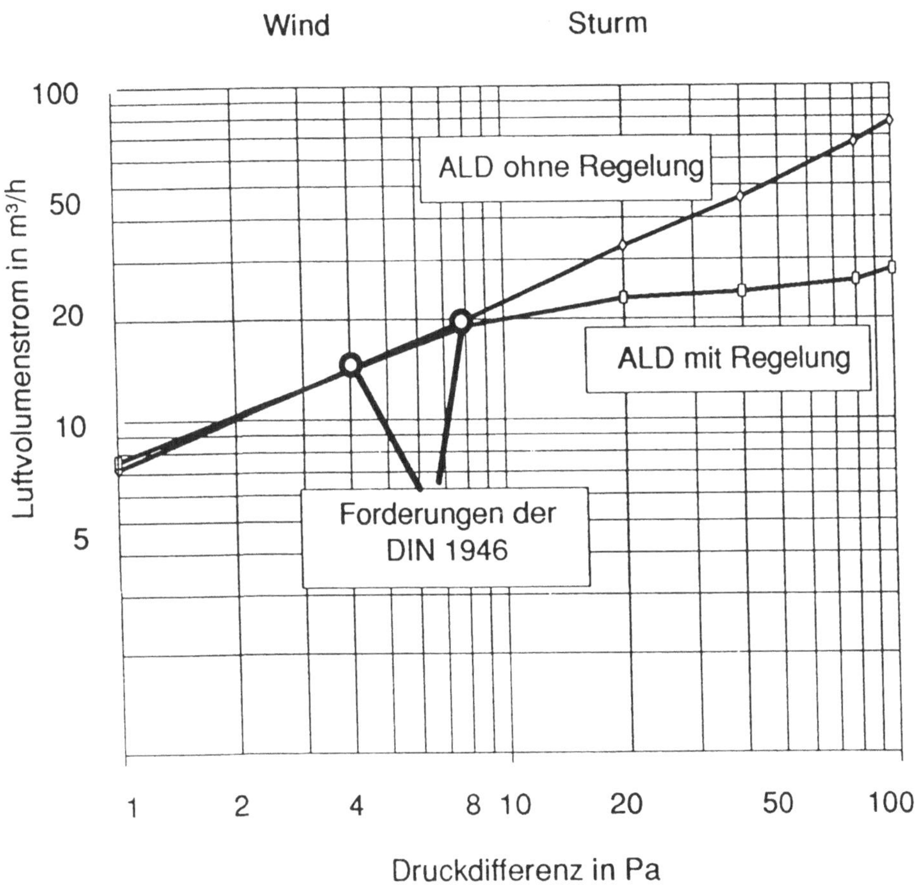

Bild 3: Volumenstrom-Kennlinien für Außenwand-Luftdurchlässe mit und ohne obere Volumenstrombegrenzung (Regelung)

Tabelle 3: Durchschnittlicher jährlicher Energiebedarf unterschiedlicher Lüftungssysteme für eine 58 m² - DDR-Standard - Wohnung mit einer Mitteltemperatur von 20°C* bzw. 22°C**

Sytemart		Luftwechsel n			End-Energiebedarf			Primär-energiebedarf[3)]	
		erzwungen		frei	Heizwärme[1)]		Elektro-energie[2)]		
		n_{Grund}	n_{Bedarf}	n_{frei}[4)]					
		h^{-1}			kWh/a	%	kWh/a		%
Freie Lüftung		-		0,15 ... 3 Mittelwert: 1	4870* 5490**	100	-	6160* 6940**	100 100
Maschinelle Lüftung	Abluft-anlage	0,5	0,1	0,2	3900* 4390**	80	300	5730* 6350**	93* 91,5**
	Zu- und Abluftanlage mit Wärme-rückgewinnung[5)]	0,5	0,1	0,1	1950* 2195**	40	900	4890* 5195**	80* 75**

1) Heizgrenztemperatur: 13°C
2) Antrieb der Ventilatoren
3) Umwandlungs-Wirkungsgrade von Primär- in Endenergie nach TROKMANN, 1993 /7/:
η_{FW} = 0,791 Fernwärme
η_{E} = 0,374 Strom
4) nach MEYRINGER, 1987 /8/
5) Temperaturübertragungsgrad: $\varnothing_t = 0,6$

Das Verhalten der Nutzer wird außerdem mitbestimmt von der projektgerechten Funktion der Anlagen. Neben deren sorgfältiger Ausführung werden deshalb bei Zentralanlagen in Gebäuden mit mehr als 4 (5) Geschossen eine Einregulierung und für alle Anlagen eine sachgerechte Abnahme, z.B. nach DIN 1946 Teil 6 /2/, empfohlen.

Von wesentlicher Bedeutung ist in diesem Zusammenhang auch die Zuverlässigkeit der Anlagen, die nur bei regelmäßiger Instandhaltung gewährleistet ist. Funktionsstörungen führen auf Dauer zu Manipulationen an den Anlagen und dadurch zu weiteren Störungen bis hin zur Außerbetriebnahme und damit wiederum zur unergetischen Fensterlüftung. Zusätzlich verursachen unsaubere Anlagen im Bereich der Filter, Luftdurchlässe, Luftklappen und Wärmeübertrager durch höhere Strömungsverluste unnötigen Mehrenergiebedarf.

Literatur

/1/ Energiedaten '91
Nationale und internationale Entwicklung
Bundesministerium für Wirtschaft

/2/ DIN 1946 Teil 6
Raumlufttechnik; Lüftung von Wohnungen; Anforderung, Ausführung, Abnahme
Entwurf: Stand Juli 1993

/3/ Stand der kontrollierten Wohnungslüftung in der Bundesrepublik Deutschland und zukünftige Entwicklung
Technomar GmbH
München 1991

/4/ Hering, G.
Hygienische und energieökonomische Aspekte der freien Lüftung in Wohngebäuden
Stadt- und Gebäudetechnik (1980) 6, S. 175 - 178

/5/ DIN 18017 Teil 3
Lüftung von Bädern und Toilettenräumen ohne Außenfenster; mit Ventilatoren
August 1990

/6/ DIN V 24194 Teil 2
Kanalbauteile für lufttechnische Anlagen; Dichtheit; Dichtheitsklassen von Luftkanalsystemen
November 1985

/7/ Trokmann, W.
Ein differenziertes Modell der Ermittlung spezifischer Energiebedarfe und Emissionen
BWK 45 (1993) 6, S. 296-298

/8/ Meyringer, V.
Lüftung im Wohnungsbau
Karlsruhe 1987

Einsatz transparenter Wärmedämmung zur Gebäudesanierung

Christel Russ, FhG-Institut für Solare Energiesysteme, Gruppe Leipzig

1. Einleitung

Transparente Wärmedämmaterialien (TWD) sind seit längerem Gegenstand umfangreicher Forschungsarbeiten auf dem Gebiet der thermischen Nutzung von Sonnenenergie. Zu den wichtigsten Einsatzgebieten für TWD zählen Kollektoren zur Prozeßwärmeerzeugung, Speicherkollektoren zur Brauchwassererwärmung, thermische Langzeitspeicher, Tageslichtsysteme sowie die Anwendung zur transparenten Wärmedämmung von Fassaden. Bei dem passiven TWD-Fassadenheizungssystem ist die Entwicklung so weit fortgeschritten, daß die Schwelle zu einer breiten Markteinführung erreicht ist. Aufgrund des hohen Anteils der Raumheizung am Endenergieverbrauch der Bundesrepublik Deutschland mit etwa 32 % [1] liegt hier auch das größte Energieeinsparpotential im Bereich der thermischen Solarenergienutzung.

Transparente Wärmedämmaterialien zeichnen sich durch eine hohe Energiedurchlässigkeit im Spektralbereich der Solarstrahlung bei gleichzeitig guten Wärmedämmeigenschaften aus. Während mit einer konventionellen Dämmung die Transmissionswärmeverluste eines Gebäudes nur reduziert werden können, ist es durch die Verwendung von TWD möglich, diese Wärmeverluste zu kompensieren und darüber hinaus Energiegewinne zur Deckung anderer Verlustquellen (Lüftungswärmeverluste, Transmissionswärmeverluste anderer Bauteile) zu nutzen. Der jährliche Energiegewinn einer TWD-Fassade beträgt je nach Orientierung, Dimensionierung und Wandaufbau bis zu 200 kWh/m² Fassadenfläche. Daraus ergibt sich für ein richtig ausgeführtes TWD-Gebäude ein jährlicher Heizenergieverbrauch von unter 50 kWh/m² Wohnfläche. Dies konnte in Pilotprojekten des Fraunhofer-Institutes für Solare Energiesysteme (FhG-ISE) durch Messungen bestätigt werden. Im Vergleich hierzu liegt der spezifische Jahresheizenergieverbrauch von sehr gut konventionell gedämmten Gebäuden zwischen 50 und 80 kWh/m²a. Der heutige Heizenergieverbrauch in der BRD liegt je nach Gebäudetyp und -alter oft weit über 200 kWh/m²a [2, 3].

Für den Einsatz der transparenten Wärmedämmung spricht neben den hervorragenden energetischen Effekten auch ihre positive Wirkung auf die Bausubstanz selbst. Der Wärmeeintrag über die Wand beschleunigt die Beseitigung von Feuchteschäden im Mauerwerk und leistet damit einen wesentlichen Beitrag zur Erhaltung der Bausubstanz. Infolge der Wirkung der Wand als großflächiger "Niedertemperatur-Strahlungsheizkörper" kann die Raumtemperatur gesenkt werden, da erhöhte Wandinnentemperaturen, die über den Raumtemperaturen liegen, zu einem behaglichen Raumklima und somit zur Komfortsteigerung führen.

2. Wirkungsprinzip der transparenten Wärmedämmung

Trifft Solarstrahlung auf eine herkömmlich gedämmte Wand (opak), so erwärmt sich die äußere Oberfläche durch die Absorption der Solarstrahlung. Die geringe Wärmeleitung der Dämmschicht und die in der Heizperiode gegenüber der Außentemperatur höhere Rauminnentemperatur bewirken einen von innen nach außen gerichteten Wärmefluß. Mit hochwertigen opaken Dämmsystemen können diese Transmissionsverluste in der Heizperiode auf jährlich 15 bis 20 kWh/m² Fassadenfläche begrenzt werden [4].
Wird anstelle des opaken Dämmaterials eine transparente Wärmedämmung eingesetzt, reduzieren die solaren Gewinne die Transmissionsverluste nahezu vollständig (<5kWh/m²a).

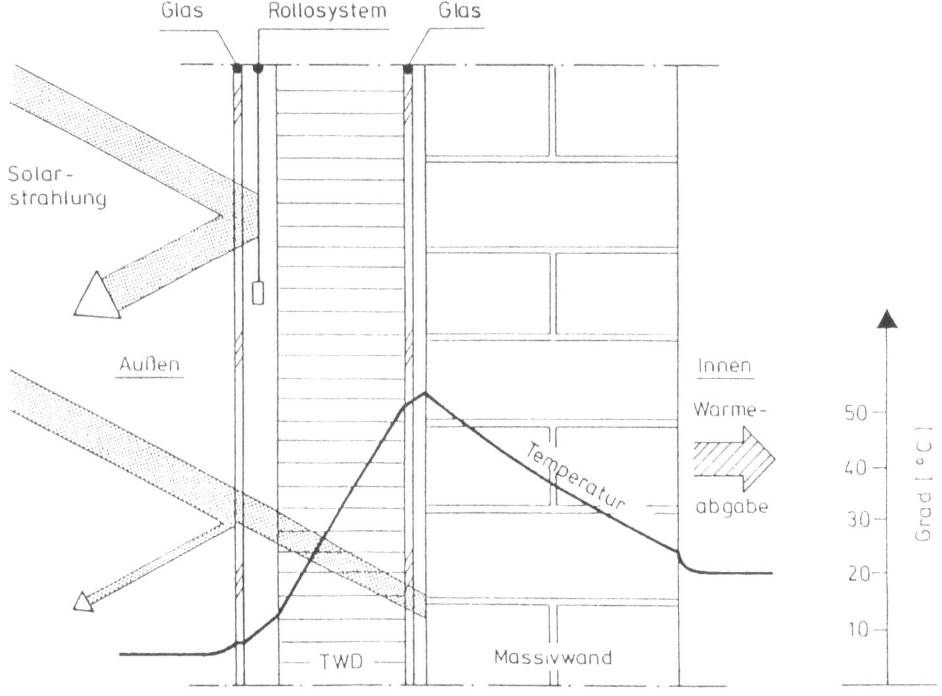

Bild 1: Funktionsprinzip der transparenten Wärmedämmung

Die Solarstrahlung dringt durch die transparente Dämmschicht und "heizt" die dunkel gefärbte Wandoberfläche (Absorber) auf. In Abhängigkeit der Baustoffeigenschaften der Wand hinsichtlich der Temperaturleitzahl und der Wanddicke erfolgt eine zeitverzögerte und amplitudengedämpfte Temperaturerhöhung der Innenwand (Bild1).

Bei geringen Strahlungsangeboten decken in der Heizperiode die solaren Gewinne die Transmissionswärmeverluste der Wand fast vollständig (<5kWh/m²). Die durch höhere Einstrahlungen erzielten Energiegewinne können zur Kompensierung von Wärmeverlusten anderer Bauteile bzw. Lüftungswärmeverlusten genutzt werden.

3. Transparente Dämmaterialien

Neben den guten Dämmeigenschaften der TWD-Materialien ist die hohe Transparenz für Solarstrahlung für die passive Solarenergienutzung von großer Bedeutung. Entsprechend dem geometrischen Aufbau sind zur Zeit vier wesentliche Materialgruppen in Anwendung (Bild 2).

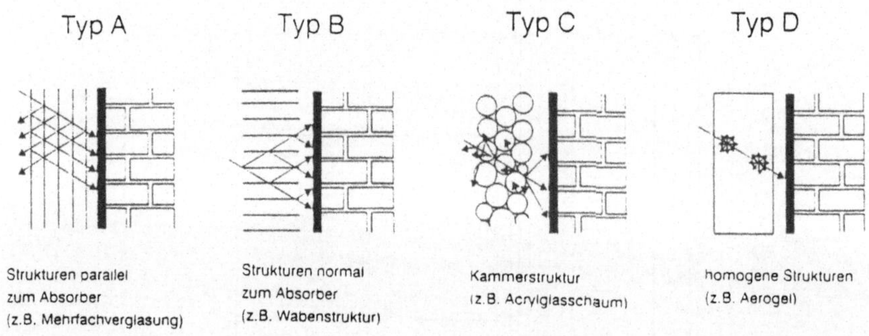

Bild 2: Geometrische Klassifizierung von Materialien zur transparenten Wärmedämmung

Am einfachsten sind Systeme mit zum Absorber parallelen Strukturen, wie sie durch eine Mehrfachverglasung dargestellt werden (Typ A). Mehrfachverglasungen mit Edelgasfüllungen und/oder spektral-selektiv beschichteten Scheiben erreichen zwar gute Wärmedämmwerte des Gesamtsystems, die Transmission wird jedoch durch die mehrfachen Reflexionsverluste an den Scheibenoberflächen stark eingeschränkt.

Bisher beste Ergebnisse aus energetischer Sicht bietet eine Kombination von Wärmedämmung und Transparenz der Waben- oder Kapillarmaterialien aus transparenten Kunststoffen (Typ B). Die offenen, absorbersenkrechten Hohlkammerstrukturen unterdrücken die Wärmeübertragung durch Konvektion und verringern den Strahlungswärmeaustausch durch ihr Absorptionsvermögen im fernen IR-Bereich. Diese Materialien zeichnen sich durch eine geringe Absorption im solaren Spektralbereich aus und sorgen für eine hohe Transmission durch im Idealfall vollständig zum Absorber hin gerichtete Reflexion der Strahlen an den Zellwänden. Neben dem Einsatz der Kunststoffmaterialien laufen zur Zeit Forschungsarbeiten zur Verwendung von Glas oder hochtemperaturbeständigen Kunststoffen für die Herstellung von Kapillarenmaterialien, um die Einsatzgebiete der TWD zu optimieren.

Vielversprechend sind auch die Entwicklungen der Aerogele (Typ D). Diese homogenen, hochporösen Silikatstrukturen mit Porendurchmessern kleiner als die mittlere freie Weglänge der Luftmoleküle besitzen etwa die gleiche spezifische Wärmeleitfähigkeit wie ruhende Luft. Das derzeit als Granulat erhältliche Material wird in den Zwischenraum einer Doppelverglasung zur Anwendung gebracht. In Tab. 1 sind die wichtigsten Kennwerte einiger TWD-Materialien zusammengestellt.

Tab. 1: Thermische und optische Eigenschaften unterschiedlicher Waben- und Kapillarstrukturen (Messungen, FhG-ISE) [5]

Material	d (mm)	w (mm)	Λ (W/(m²K)	τ_{dif} -
Waben, PC	50	4,5	1,81 ± 0,05	0,81 ± 0,05
	100	4,5	1,07 ± 0,03	0,75 ± 0,05
	100	3,5	0,97 ± 0,03	0,75 ± 0,05
Kapillaren				
PC	100	3,0	0,92 ± 0.03	0,69 ± 0,03
PMMA 7N	100	3,0	1,08 ± 0,03	0,70 ± 0,03
PMMA HW	100	3,0	0,89 ± 0,03	0,78 ± 0,03

PC = Polycarbonat
PMMA = Polymethylmethacrylat
d = Materialdicke
w = mittlere Zellweite
Λ = Wärmedurchgangskoeffizient (T_m= 10°C)
τ_{dif} = Transmission der diffusen Strahlung

4. Systemkomponenten der Solarfassade

Um eine anhaltende energetische Wirksamkeit der TWD-Materialien zu sichern, müssen diese Strukturen vor mechanischen Zerstörungen und Verschmutzungen geschützt werden. Eisenarmes Glas als Deckschicht (sichert die notwendige Transparenz des Systems) wird als einzelne Scheibe oder als beiderseitig verglaste Rahmenkonstruktion mit innenliegender TWD eingesetzt. Dabei muß man beachten, daß zur Unterdrückung von Konvektionswalzen in den Modulen die Kapillaren an einer Seite luftdicht durch eine Glasscheibe oder Folie abgedichtet werden. Das TWD-Modul ist so aufgebaut, daß kleine Öffnungen zur Druckentspannung und zum Ausgleich des Wasserdampf-Partialdruckes in die ansonsten gut abgedichte Konstruktion integriert sind. Zur Vermeidung von Materialverschmutzungen sind diese Öffnungen durch Staubfilter zu verschließen. Der Rahmen (Holz, thermisch getrennte Aluprofile) muß einen hohen Wärmedurchgang besitzen, um Kältebrücken und Taupunktunterschreitungen zu vermeiden.

Für das Anbringen der vorgefertigten TWD-Module an der Fassade werden die im Fassadenbau üblichen Befestigungsvarianten eingesetzt. Die Module können entweder direkt an der Fassade befestigt oder in einer selbsttragenden Vorhangfassade aufgenommen werden. Zur Vermeidung von Überhitzungserscheinungen in der Sommerperiode dienen Abschattungssysteme, die in Form von Rollos oder Jalousien in die Module eingebaut werden können. Besonders wirksam sind in die Konstruktion integrierte IR-reflektierende Abschattungssysteme, die in geschlossenem Zustand als temporärer (nächtlicher) Wärmeschutz wirken. Je nach IR-Emissionsgrad der Oberfläche kann eine Verbesserung des Wärmedurchgangskoeffizienten bis zu 40 % erreicht werden [6].

Zur Zeit laufen jedoch auch Erprobungen von transparenten Wärmedämmverbundsystemen, in denen das TWD-Material direkt auf die Wand aufgebracht und nach außen mit einem transparenten Putz verschlossen wird. Bei dieser Einsatzvariante ist auf besonders trockene und staubfreie Verarbeitung des Materials auf der Baustelle zu achten.

Tabelle 2 enthält die schematische Darstellung unterschiedlicher TWD-Konstruktionen mit einigen bauphysikalischen Kennwerten. Der angegebene diffuse Gesamtenergiedurchlaßgrad berücksichtigt neben der Transmission auch sekundäre Wärmegewinne in der TWD.

Tab. 2: Thermische und optische Eigenschaften für drei TWD-Systeme

	System	k (W/m²K)	g_{dif} -
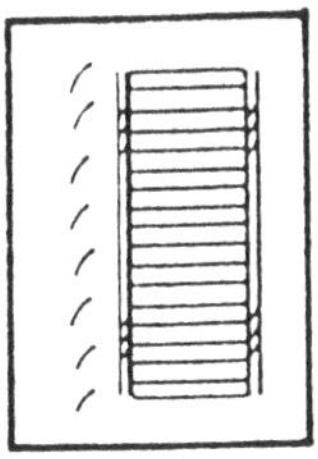	TWD/Glas-Verbundelement (100 mm Kapillaren), externe Verschattung	0,7 - 0,9	0,56 - 0,64[1]/0,01[2]
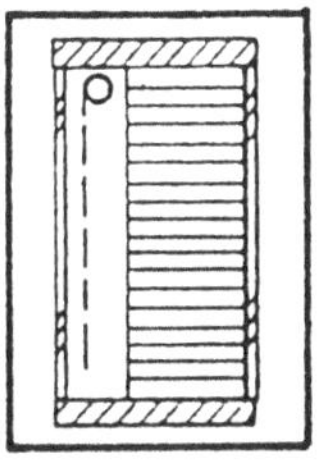	TWD/Glas-Rahmen-Modul (100 mm Waben), integrierte Verschattung	0,7 - 0,8[1]/0,4[2]	0,64[1]/0,03[2]
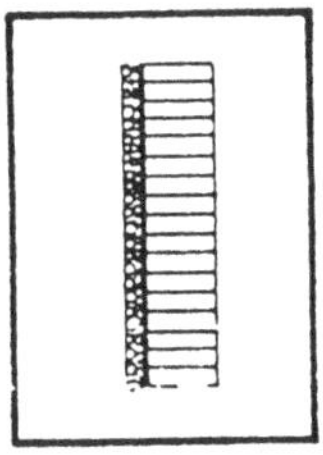	Rahmenlose TWD (60 mm Kapillaren) mit Deckputz, keine Verschattung	ca. 1,0	ca. 0,4

k = Wärmedurchgangskoeffizient

g_{dif} = diffuser Gesamtenergiedurchlaß

[1] ohne / [2] mit Verschattung

5. TWD-Einsatz zur Gebäudesanierung

Im Rahmen von Pilot- und und Demonstrationsprojekten wurden in den letzten Jahren mehr als 3000 m² TWD in Deutschland installiert. Der Einsatz von TWD erfolgte dabei in Neubauten und bei der Sanierung von Altbauten. Zwei Beispiele der Altbausanierung sollen kurz vorgestellt werden.

5.1. Pilotprojekt Sonnenäckerweg Freiburg

Durch das Fraunhofer-Institut für Solare Energiesysteme wissenschaftlich betreut und von Bundesministerium für Forschung und Technologie gefördert wurde eine Altbausanierung in Freiburg. Ein zweistöckiges Mehrfamilienhaus aus den 50iger Jahren mit einer Wohnfläche von 400 m² erhielt an der SW- und SO-Fassade eine TWD-Vorhangfassade mit integrierten Rollosystemen zur Abschattung und zum verbesserten Wärmeschutz (Bild 3). Die gesamte Aperturfläche beträgt 120 m². Die übrigen Gebäudehüllflächen erhielten eine über den normalen Standard hinausgehende opake Wärmedämmung, die Fenster eine Isolierverglasung mit Rollos zum nächtlichen Wärmeschutz.

Bild 3: Pilotprojekt Sonnenäckerweg Freiburg, Sanierung eines Mehrfamilienhauses mit TWD

Ein baugleiches Nachbargebäude wurde zum Vergleich mit einer 10 cm dicken PUR-Dämmschicht, Fenstern mit Wärmeschutzverglasung und einer Anlage zur Lüftungswärmerückgewinnung ausgestattet.

Der Netto-Jahresheizenergieverbrauch des transparent gedämmten Versuchsobjektes ergibt sich zu 43 kWh/m²a (bezogen auf die durchschnittlichen Heizgradtage), der des Vergleichsgebäudes zu 63 kWh/m²a. Der Betrieb der Lüftungsanlage erfordert hier jedoch zusätzlich 4500 kWh elektrische Energie (11 kWh/m²). Bewertungen des ungedämmten Gebäudes mit Hilfe von Simulationsrechnungen weisen einen jährlichen Heizenergiebedarf von 225 kWh/m²a aus.

Der Energieeintrag über die Aperturfläche betrug im Jahr 1990 an der SW-Fassade 73 kWh/m², für die SO-Fassade 27 kWh/m² unter Berücksichtigung der Tage mit einer mittleren Außentemperatur unter 15°C. Die Energiebilanzen über beide Fassaden sind in Bild 4 dargestellt.

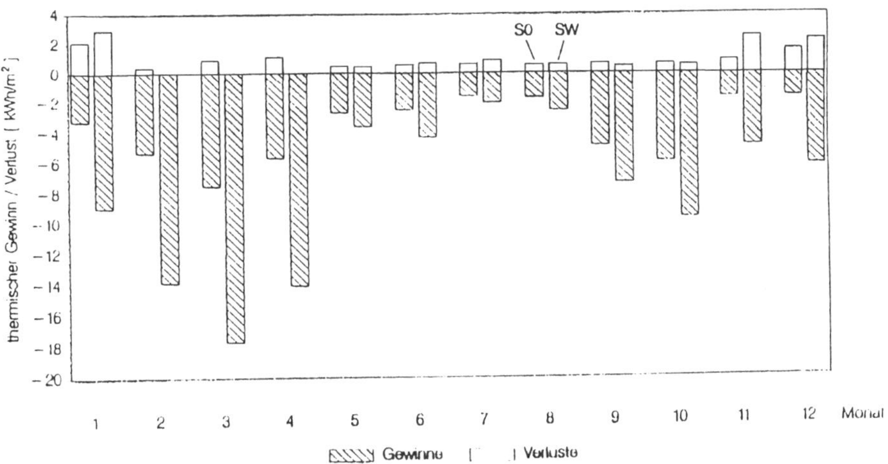

Bild 4: Pilotprojekt Sonnenäckerweg Freiburg; monatliche Energiebilanz an der raumseitigen Wandoberfläche der TWD-Wände

Die Differenz in den Energiegewinnen der SO- und SW-Fassade sind in den Unterschieden im Mauerwerk, der Einstrahlungssituation (Verschattung) und der Anordnung der Meßstellen begründet. Der Rückgang der Energiegewinne in den Sommermonaten resultiert aus der Abschattung der fassadenintegrierten Rollosysteme. Von den Bewohnern des TWD-Gebäudes wurde die über die Fassade an den Raum abgegebene Wärme als angenehm empfunden und die Sanierungsmaßnahme als positiv angenommen [7].

Bild 5: Paul-Robeson-Schule Leipzig, Einsatz transparenter Wärmedämmung an der SW-Fassade

5.2. Demonstrationsobjekt Paul Robeson-Schule Leipzig

Ein Objekt völlig anderer Bauart und mit einem anderen Nutzungsprofil als Wohngebäude ist die energetische Sanierung einer Schule in Leipzig. Im Auftrag der Stadt Leipzig, gefördert vom Bundesministerium für Forschung und Technologie, übernahm das Frauenhofer-Institut für Solare Energiesysteme, Gruppe Leipzig, die Projektleitung.

Erstmals erfolgte der Einsatz transparenter Wärmedämmung an einem Montagebau mit Einschichtelementen aus Leichtbeton. Bild 5 zeigt das Schulgebäude nach der Sanierung mit der TWD-Fassade an der SW-Seite des Schulgebäudes.

Die vorgefertigten TWD-Module, beiderseitig verglaste Holzrahmenkonstruktionen, und die Fenster wurden in einer Vorhangfassade aufgenommen. Als Verschattungseinheit sind speziell beschichtete Rollos in die Module integriert. Zur Reduzierung der Blendwirkung wurden die TWD-Module mit einem zweiten Rollo mit niedrigerem Reflexionsgrad ausgerüstet. Bild 6 zeigt den Horizontal- und Vertikalschnitt durch die TWD-Fassade.

Neben dem Einsatz der transparenten Wärmedämmung wurde die übrige Gebäudehülle mit einer über den Vorgaben der Wärmeschutzverordnung liegende opaken Wärmedämmung versehen und die Isolierverglasung der Fenster gegen eine Wärmeschutzverglasung ausgetauscht. Zur Einhaltung des erforderlichen Luftwechsels in den Klassenzimmern erhielten die Fenster Lüftungsschlitze und die Querlüftung wurde aktiviert.

Die bautechnischen und bauphysikalischen Kennwerte für das Schulgebäude vor und nach der Sanierung sind in Tabelle 3 dargestellt.

Simulationsrechnungen zum Heizenergiebedarf des Gebäudes zeigen, daß der theoretische Bedarf von 155 kWh/m^{2}a auf ca. 55 kWh/m^{2}a gesenkt werden kann. Der tatsächliche Heizenergieverbrauch entsprechend dem Gasverbrauch des unsanierten Gebäudes lag jedoch um 200 kWh/m^{2}a.

Die Wirksamkeit der TWD an den Leichtbetonelementen zeigt ein Vergleich der raumseitig gemessenen Wärmeflüsse dieser Wände im unterschiedlichen Dämmzustand (Bild 7). Während der Bauphase im Oktober 1992 konnte der Vergleich der ungedämmten, der opaken und der TWD-Wand vorgenommen werden. Die ungedämmte Fassade zeigt im Meßzeitraum erhebliche Energieverluste (positiver Wärmefluß, da die Wärme von innen nach außen abgegeben wird). Die Energieverluste der opak gedämmten Wand sind gegenüber der ungedämmten wesentlich minimiert. Die transparent gedämmten Flächen weisen jedoch im gesamten Meßzeitraum Energiegewinne auf (negativer Wärmefluß, da ein Wärmeeintrag von außen nach innen erfolgt). Diese ersten Meßergebnisse zeigen deutlich den Vorteil des Einsatzes von transparenter gegenüber einer opaken Wärmedämmung auch bei Einschichtbetonelementen der Montagebauten. Die Energiegewinne können damit wesentlich zur Heizenergieeinsparung in Gebäuden dieser Bauweise beitragen.

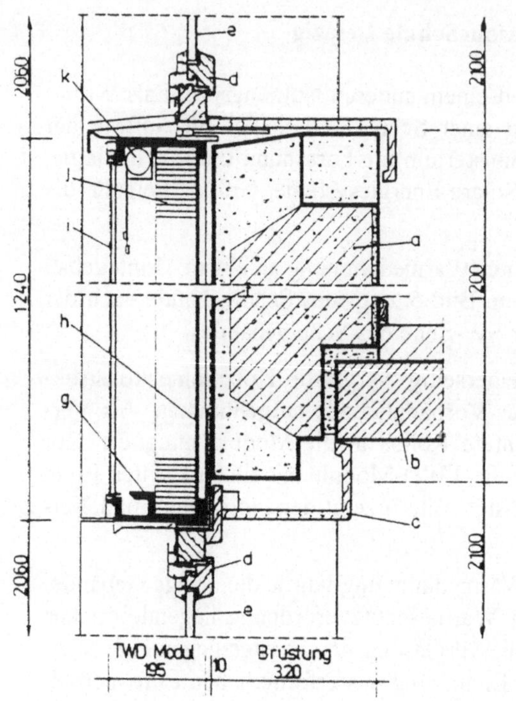

a vorhandene Brüstung

b vorhandene Decke

d,e Fenster mit Wärmeschutzverglasung

h,i Verglasung

j TWD-Material

k Rolloverschattung

l - o Rahmen mit Zwischenstück

Vertikalschnitt

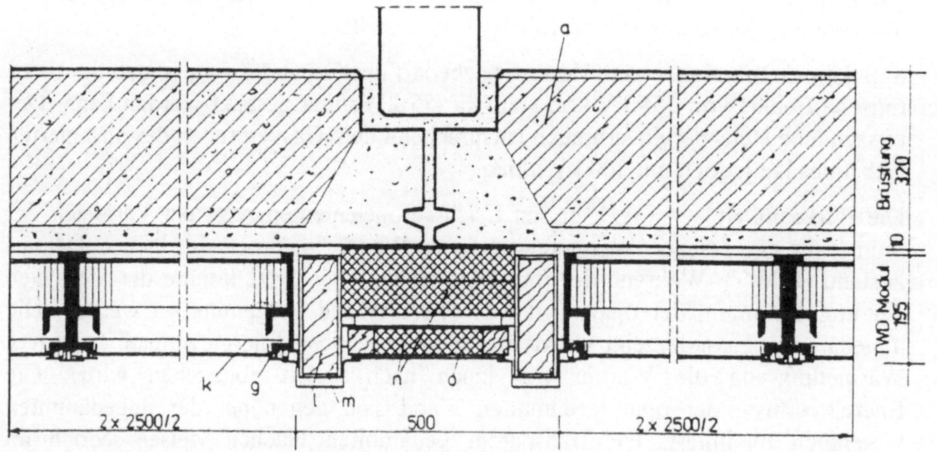

Horizontalschnitt

Bild 6: Aufbau der TWD-Fassade im Horizontal- und Vertikalschnitt

Tab. 3: Bautechnische und bauphysikalische Kennwerte der Paul-Robeson-Schule Leipzig

	vor der Sanierung	k W/m²K	nach der Sanierung	k W/m²K
Brüstung	30 mm Außenputz MG III, 275 mm Leichtbeton B50 (Rohdichte = 1400 kg/m³) 15 mm Innenputz MG III	1,67	80 mm Mineralfaserplatten, mineral. Putz (Giebel, NO-Seite) TWD-Element mit 80 mm Kapillarmaterial (SW-Seite)	0,38 0,60 (ohne Verschattung)
Fenster	Isolierverglasung (Holzrahmen)	2,8	Wärmeschutzverglasung, Climaplus N (Holz-Alu-Rahmen)	1,3 (ges.: 1,4)
Dach	Vollbetonplatte mit Gefälle schicht, 40 mm PS-Schaum, Bitumenabdeckung	0,65	Gefälledämmung 280 mm auf 40 mm, PS-Schaum, druckfest, Bitumenbahnabdeckung	0,18
Keller	Schwerbeton mit 40 mm HWL-Platte	1,32	60 mm opake Dämmung: PS	0,46

6. Ausblick

Der Einsaz transparenter Wärmedämmung an den Demonstrationsprojekten zeigt, daß neben dem Heizenergieverbrauch auch das Aussehen der Gebäude wesentlich beeinflußt wird. Gebäude mit TWD verändern ihr Aussehen im Verlauf des Jahres durch die Aktivierung der Verschattungssysteme. TWD-Gebäude, die mit einer entsprechenden Regeltechnik ausgestattet sind, können flexibel auf den Heizenergiebedarf und das vorhandene Strahlungsangebot reagieren, um ein behagliches Raumklima zu ermöglichen. Damit eröffnen sich neue Weg zu intelligenten Gebäudefassaden.

Der Einsatz verglaster TWD-Bauelemente in der Gebäudehülle von Wohnbauten ist zur Zeit untypisch. Eine größere Aktzeptanz ist wohl in Büro- und Verwaltungsbauten vorhanden, da hier bereits großflächige Verglasungen realisiert werden.

Nachdem in den Demonstrationsprojekten die Funktions- und Leistungsfähigkeit der TWD nachgewiesen wurde, sind die weiteren Aktivitäten darauf zu richten, kostengünstigere Fassadenelemente herzustellen. Die Kosten für die in allen Projekten in Sonderfertigung hergestellten TWD-Module liegen zwischen 800,- und 1500,- DM/m². Der Übergang zur serienmäßigen Fertigung unter Verwendung handelsüblicher standardisierter Bauteile (z.B. Stranggußprofile, GFK-Bauteile) lassen Kostenreduzierungen bis zu 50 % erwarten.

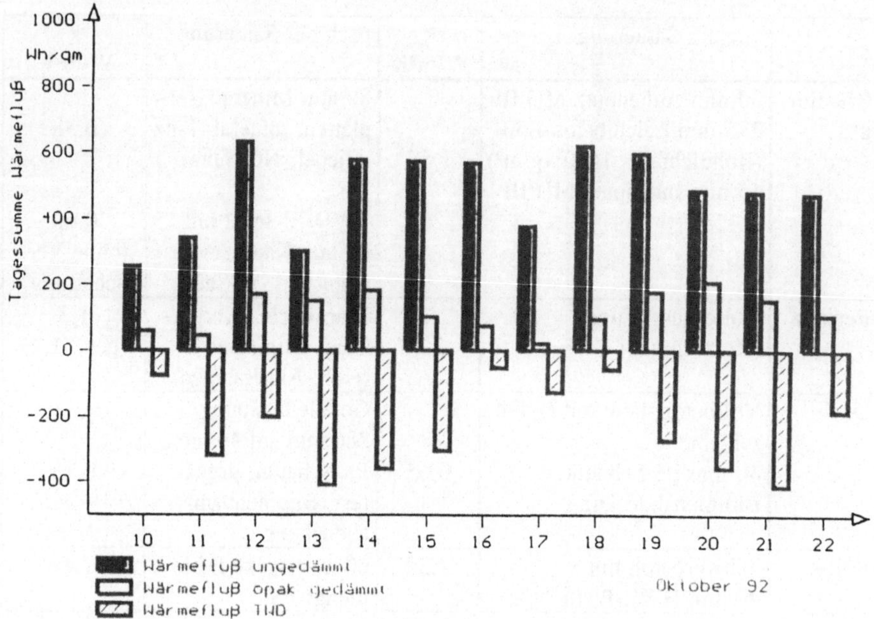

Bild 7: Wärmeflüsse der Leichtbetonwand bei unterschiedlichen Dämmvarianten

Literatur

[1] Energiewirtschaft kurz und bündig; Informationsschrift der Informationszentrale der Elektrizitätswirtschaft e.V., Frankfurt/Main 1990

[2] Ebel, W.; Eicke; W.; Feist,W.: Hohe Energiesparpotentiale bei bestehenden Gebäuden; Bauphysik 14 (1992) 3, S. 65-75

[3] ASSMANN Beraten + Planen; Technische Universität Berlin: Energiegerechte Bauschadensanierung von in Betontafelbauweise errichteten Wohnbauten der 60er und 70er Jahre; Schlußbericht zum BMFT-Fördervorhaben PBE/36 00 33 5010A (1992)

[4] Braun, P.O.; Voss, K.; Sick, F.: Niedrigenergiehäuser; Sonnenenergie (1992) 2, S.10-16

[5] Platzer, W; Wittwer, V.: Fortschritte bei transparenten Wärmedämmaterialien; 7. Internationales Sonnenforum; Frankfurt 1990; Tagungsband, Band 1, S. 527 - 532

[6] Voss, K.; Braun, P.O.; Schmid, J.: Transparente Wärmedämmung - Materialien, Systemtechnik, Anwendung; Bauphysik 13 (1991) 6, S. 217-224

[7] Wagner, A.,: Neue Wege in der Gebäudeheizung Luft- und Kältetechnik (1993) 2. S.73- 77

Fassadenintegrierte Photovoltaik- und Informationssysteme

Prof. Dipl.-Ing. Arch. Dipl.-Des. Thomas Spiegelhalter BDA/DWB

Einleitung : Zwischen Außen und Innen
Perspektiven und Zusammenhänge

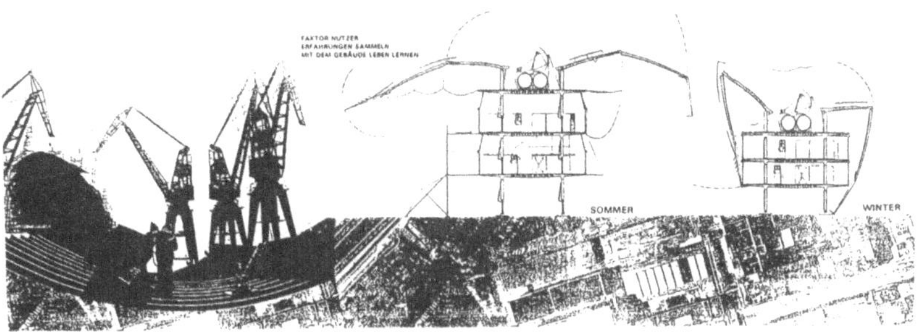

Faktor Nutzer: Erfahrungen sammeln; mit dem Gebäude leben lernen

Die Bedingungen für die Architektur haben sich in den letzten Jahren entscheidend verändert. Schon heute sind Häuser ohne Schornsteine und Heizungskeller, ohne Gas- und Stromanschluß keine Phantasiegebilde mehr, sondern bereits gebaute Realität. In den 50er Jahren war es den Architekten und Produktdesignern noch gestattet, unbekümmert Gebäude und Objekte zu entwerfen, die heute noch orientierungslos hohe Energieverbräuche und damit irreversible Umweltschäden verursachen.

Heute bestimmen jedoch zunehmend nicht nur die längst fundiert wissenschaftlich nachgewiesenen, sondern deutlich spürbaren Klima- und Energieprobleme die gebäudetechnisch- und klimainteraktive Gestaltung von Gebäuden und Hochbauanlagen. Doch weder Technik alleine noch das ökologisch orientierte, natürliche Bauen können die zukünftigen Bauaufgaben lösen oder erleichtern. Es geht jetzt mehr darum, eine Allianz und Akzeptanz aus klimagerechten Bauen und den modernsten Solar-, Computer- und Informationstechnologien zu entwickeln und umzusetzen. Besonders die neue Solar-, Medien- und Informationstechnologien mit der zunehmenden terrestischen Anwendung und der technischen Weiterentwicklung aus der Photovoltaik wird die Architektur der nächsten Jahrzehnte mehr beeinflussen als irgendeine andere technologische Neuerung seit Beginn der Moderne.

Das hochgesteckte Ziel, heutige und zukünftige hochwärmegedämmte sowie variable Gebäudehüllen aktiv in die Strom- und Wärmegewinnung mit dem Ergebnis autarker Energiesysteme einzubinden, läßt sich ebenso mit den technologischen Neuerungen aus dem Bereich der Informationstechnolgie und der Medienfassaden-Entwicklung verknüpfen.

Sogenannte volltechnisierte "Servicefassaden" regulieren beispielsweise einerseits elektronisch durch photovoltaik-betriebene Energiegewinnungs-Systeme den Wärme- und Lüftungshaushalt der Gebäude, funktionieren andererseits als tageslichttechnischer, sensorautomatischer Sonnenschutz und ermöglichen alle denkbaren Stufen von Transluzens.

Gleichzeitig löst sich der urbane Baukörper in Form einer elektronifizierten Bildschirmarchitektur in transluzente, hinterleuchtete Innen- und Außenschichten auf und zeigt perspektivische Botschaften des Informationszeitalters und Prozesse der Innenräume nach außen auf. Er vermittelt zwischen dem Innen und Außen, wird zum steuerbaren Umweltprozessor, der nicht gegen, sondern durchaus mit den Umweltbedingungen und den Benutzerwünschen arbeitet.

Der daraus möglicherweise resultierenden Gefahr einer Trennung von äußerer Form und innerer Funktion kann entgegengewirkt werden, indem polyvalente Gebäudehüllen mit räumlich-integrierenden Elementen sowohl als Energiesteuerung als auch mit Kommunikationselektronik installiert werden. In einer heutigen Stadt wie beispielsweise Tokio ist es kaum mehr möglich, neben allen Schildern, Zeichen, Leuchtreklamen und Großbildschirmen die vorhandenen Gebäude zu erkennen.

Hingegen bilden bereits zahlreiche Beispiele im In- und Ausland eine eigene Topologie in der Architektur, durch leicht ablesbare realisierte Bauformen und Zonenbildungen in der passiven Nutzung der Solarenergie.

In der aktiven Solarenergienutzung mit ihren technischen Elementen in Verbindung mit Kommunikationssystemen entstehen ebenso vielfältige, jeweils umgebungsbezogene Semantikformen von Architekturlösungen, deren Energieabläufe- und transformationen in Funktion und Form optisch erlebbar, jedoch jeweils kulturell-bestimmt oder dem Zustand des jeweiligen Ortes angemessen, unterschiedlich gestaltet sind.

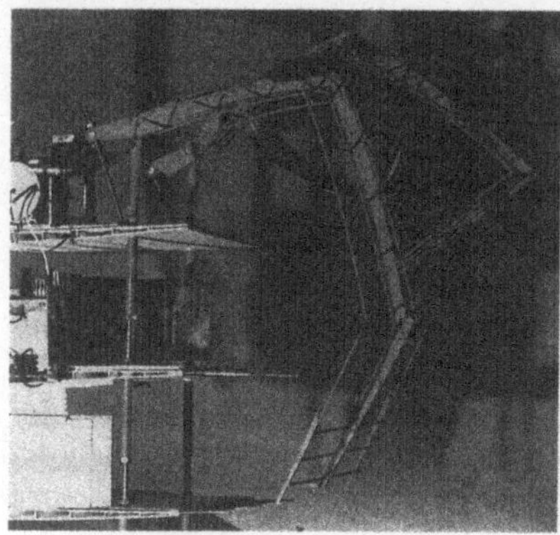

Konstruktiv-technische Maßnahmen
Flügel als veränderbarer Sonnen- und Windschutz als Wärmefalle und Wärmepuffer.
Selbständige Volumenveränderung.
Decken – Stresses skin structure – und Wasser als variable Speichermassen.
Erhöhung der Lichtausbeute durch holographisch beschichtetes Glas im Fassadenbereich.

Seishido Building(Japan)

1. Solarstrahlung

Seit Urzeiten sind die Strahlen der Sonne Träger und Ursache von Prozeßänderungen allen Lebens auf der Erde.
Die Solarstrahlung trifft mit einer Leistung von 1367 Watt/m^2 auf die äußere Erdatmosphäre. Etwa 300 Billionen Kilowattstunden an Sonnenenergie stehen in Deutschland jährlich zur Verfügung. Aufgrund der Streuung und Absoprtion kann aber nur ein Teil- beispielsweise 1060 Watt/m^2 - auf der Erde genutzt werden, wobei in unseren Breitengraden durchschnittlich 1000 kWh (bezogen auf den Quadratmeter Erdfläche) an jährlicher Leistung an direkter oder indirekter Sonnenstrahlung gewonnen werden können. Das solare Angebot ist jedoch immer standortabhängig und verändert sich ständig je nach Tages- und Jahreszeit sowie nach den verschiedenen Wetterverhältnissen (sog. örtliches Strahlungsangebot).

	alt.	lat.	E	SE	S	SW	W
0°	440 m	47° 30'	1155	1155	1155	1155	1155
	1560 m	46° 50'	1368	1368	1368	1368	1368
	210 m	46° 10'	1360	1360	1360	1360	1360
30°	440 m	47° 30'	1072	1199	1250	1199	1072
	1560 m	46° 50'	1270	1475	1560	1475	1270
	210 m	46° 10'	1260	1474	1562	1474	1260
45°	440 m	47° 30'	987	1149	1213	1149	987
	1560 m	46° 50'	1170	1430	1545	1430	1170
	210 m	46° 10'	1160	1435	1550	1435	1160
60°	440 m	47° 30'	885	1055	1122	1055	885
	1560 m	46° 50'	1050	1334	1456	1334	1050
	210 m	46° 10'	1040	1336	1462	1336	1040
90°	440 m	47° 30'	650	771	808	771	650
	1560 m	46° 50'	773	995	1088	995	773
	210 m	46° 10'	763	995	1090	995	763

440 m: North side of the Alps
1560 m: In the Alps
210 m: South of the Alps (Calculated values)

Werte des jährlichen Ertrages von Solarzellen in kWh/kWp für fünf verschiedene Neigungen und Orientierungen.

2. Die Solarzellen-Technologie

Einfallendes Licht aus diffuser oder direkter Solarstrahlung (Photonen) setzen in Solarzellen elektrische Ladungen frei, die eine elektrische Spannung zur Folge haben. Außen an der Solarzelle kann dann mit Hilfe elektrischer Kontakte Strom bzw. Spannungen abgegriffen werden. Als Ausgangs- und Rohstoff für die Solarzellen steht vorwiegend Silizium, z. B. in Form von Sand neben Sauerstoff als häufigstes Element in ausreichendem Maße zur Verfügung. Die momentan in der Solarzellenverarbeitung drei unterschiedlich geprägten Ausgangsmaterialien sind: kristallines Silizium, polykristallines Silizium und amorphes Silizium.

In der Entwicklung von Silizium-Solarzellen konnte bisher vom Fraunhofer Institut für Solare Energiesysteme Freiburg ein Wirkungsgrad von 21% erzielt werden. (sog. High-Efficiency-Solarzellen). Alle diese verschiedenen Solarzellentypen unterscheiden sich nicht nur in der Art der Herstellung, sondern auch durch ihre elektrischen Eigenschaften und ihr Aussehen in bezug auf die baukünstlerische Gestaltung von Architektur.

3. Ertragsabhängige Neigung und Orientierung von Solarzellenflächen

Auf dem Weg der Sonne von Sonnenaufgang bis Sonnenuntergang ändert sich der Einstrahlungswinkel und damit die Intensität der Strahlung. Dabei beeinflußt die Neigung und Orientierung einer Solarzellenfläche wesentlich den zu erbringenden Ertrag. Als Neigung wird die Abweichung von der horizontalen Ebene und als Orientierung die Abweichung von der präzisen Südausrichtung bezeichnet. Somit sind Solarzellen um eine horizontale Achse geneigt und um eine vertikale Achse orientiert. Exakt nach Süden orientierte und in der Neigung in etwa dem Breitengrad des Standortes positionierte Solarzellen beeinflussen die Erträge aus Solaranlagen neben dem großen wetterbedingten Unterschied zwischen Sommer- und Winterernte, im entscheidendem Maße.

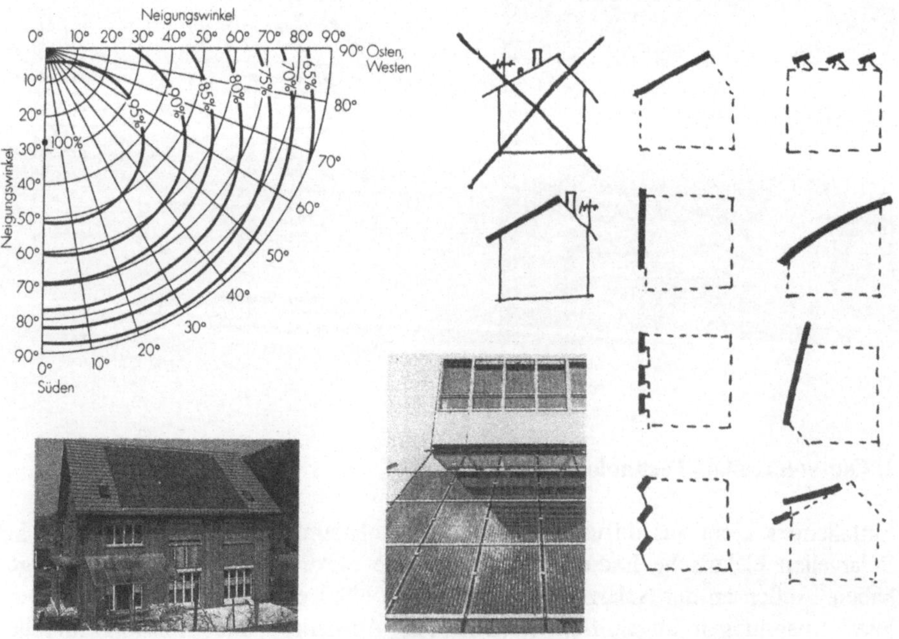

Montagevarianten von Solarzellen auf Dächern und Fassaden

4. Systeme und Komponenten

Zwei bisher wesentliche Systemanwendungen prägen die Solarzellentechnolgie:

a. photovoltaische Energieversorgung von Inselanlagen, die nicht an einem elektrischen Versorgungsnetz angeschlossen sind und oft, bei größeren Verbrauchsdimensionierungen mit Wasserstoffanlagen, Dieselaggregaten, Windkonvertern oder Wasserturbinen kombiniert sind.

b. Netzverbundanlagen dagegen, sind in der Regel mit öffentlichen Elektrizitätsunternehmen verbunden. Bisher energieverzehrende Wechselrichter werden inzwischen zunehmend durch neu entwickelte, sogenannte vollelektronische Inverter für die Umwandlung des photovoltaisch gewonnen Gleichstroms in 230 Volt-Wechsel-Strom abgelöst, deren Wirkungsgrad auch bei Teilast bei über 93% liegen kann.

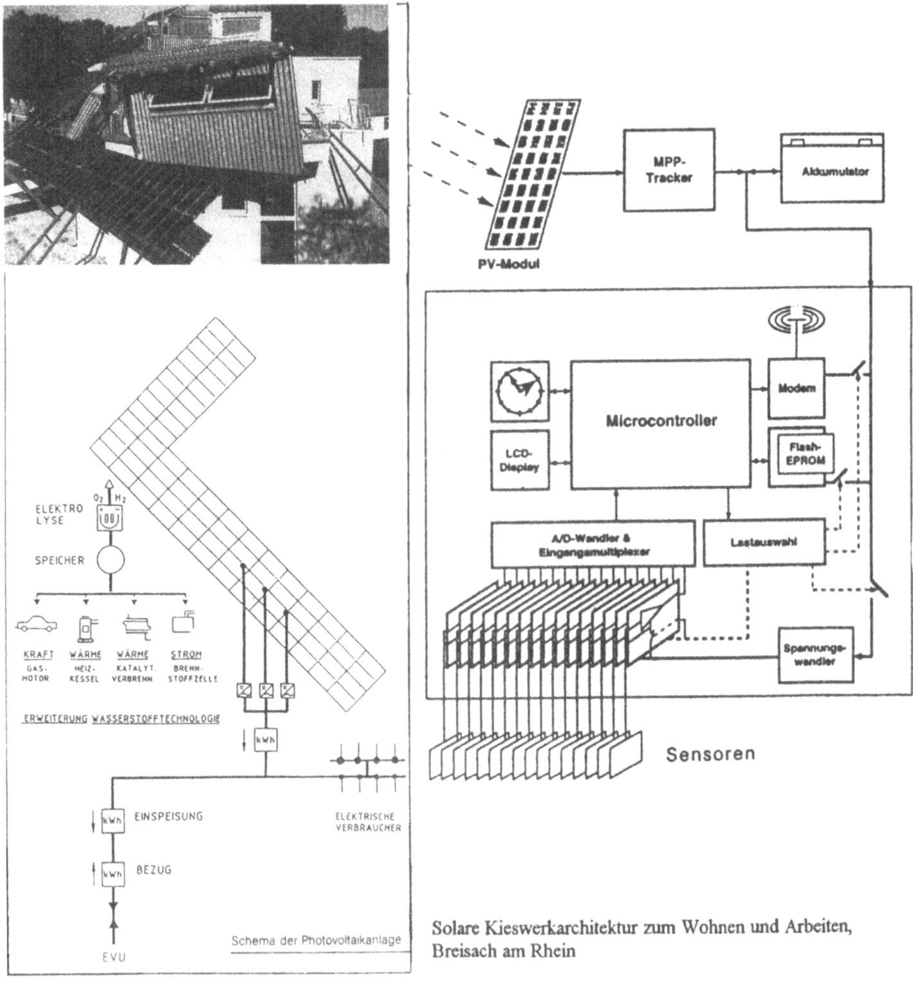

Solare Kieswerkarchitektur zum Wohnen und Arbeiten, Breisach am Rhein

5. Stromproduktion

Photovoltaische Elemente der hochentwickelten Halbleitertechnologie wurden zuerst zur Versorgung von Satelitten im Weltraum eingesetzt, um die Nachrichtentechnik durch Satellitenübertragung zu gewährleisten. Heute zeigen Satelittenbilder uns Lebenden auf den Planeten Erde Klimaverschiebungen und irreversible Umweltzerstörungen. Dabei sind mindestens 6% aller Dachflächen in Deutschland - das entspricht ca. 176 Mio. m^2 (alte Bundesländer) - und viele Gebäudefassaden geeignet, um darauf Solarmodulsysteme zu installieren, und damit die Umweltbelastung zu reduzieren.

Rechenbeispiel: 1000 kwh, erzeugt mit Sonnenenergie erspart der Umwelt ca. 260 l Heizöl oder 300 kg Steinkohle oder 500 kg Braunkohle vermeiden die Entstehung von ca: 570 kg CO_2 und 1 kg SO_2 und 1 kg NOx (vergleichen mit der Steinkohle)

Ein Quadratmeter modernster Solarzellen erzeugt in Mitteleuropa pro Jahr bis zu ca. 150 kwh in südlichen Ländern bis zu 300 kwh. Es ist zu erwarten, daß in der künftigen High-Tech-Anwendung schon wenige Quadratzentimeter genügen werden, um auf ähnliche Werte zu kommen. Photovoltaisch erzeugter Strom kann über Hochspannungskabel transportiert werden, was allerdings noch zum heutigen Zeitpunkt bei größerer Entfernung mit entsprechenden Verlusten verbunden ist.
Wird Strom zur elektrolytischen Gewinnung von Wasserstoff aus Meerwasser gewonnen, so könnte dies auf längere Sicht für die Substitution der zur Zeit benötigten Menge Brennstoffe eine Alternative werden. Allerdings ist eine solche Entwicklung, abgesehen von den Investitionskosten, von einem weltweiten umweltpolitischen Konsens abhängig.

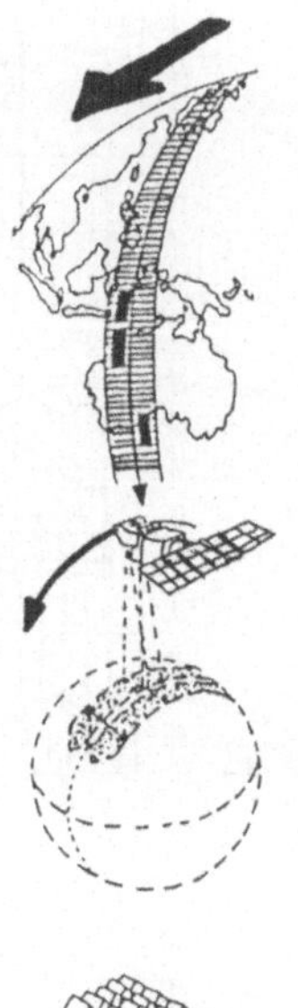

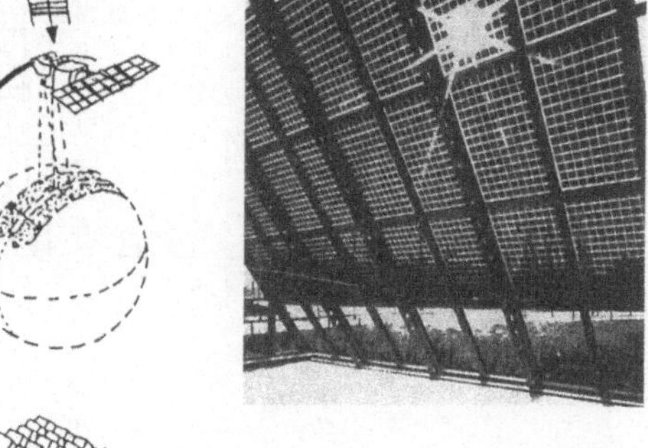

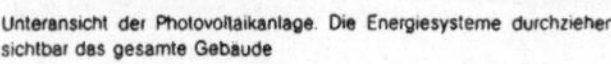

Unteransicht der Photovoltaikanlage. Die Energiesysteme durchziehen sichtbar das gesamte Gebaude

6. Photovoltaische Bauteilkomponenten- und systeme

Eine kreative Nutzung und Gestaltung von Fassaden- und Dachflächen oder Gebäudehüllen zur photovoltaischen Stromerzeugung läßt sich ästhetisch und funktional mit Bauteilkomponenten der Tageslichtsteuerung und der solaren Brauchwassererwärmung verknüpfen. Inzwischen wurden verschiedenartige Methoden zur Integration von Solarmodulen an und in Gebäuden erprobt und entwickelt. Neben den bewährten Auf-Dach-Konstruktionen gibt es In-Dach-Montagetechniken, die Anbringung auf flexiblen Flächentragwerken oder als der Fassade eingebaute oder vorgehängte Elemente und die Möglichkeit, Solarzellen in Fassaden- oder Fensterpaneele und in Dachsysteme zu integrieren.

Bildbeispiele:

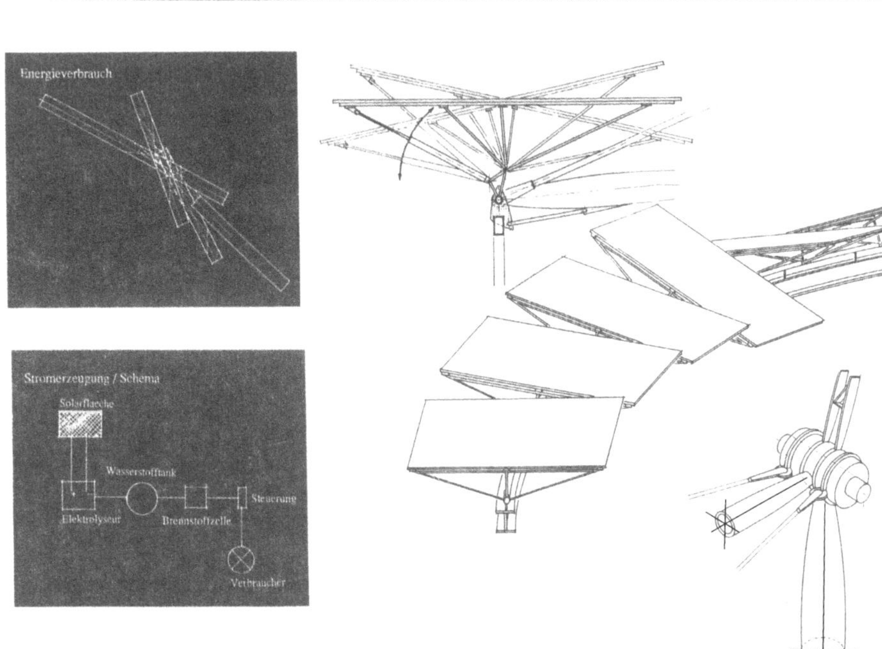

Flächentragwerke
Solare Personenbahn, Feldberg/Schw.

Flächentragwerke

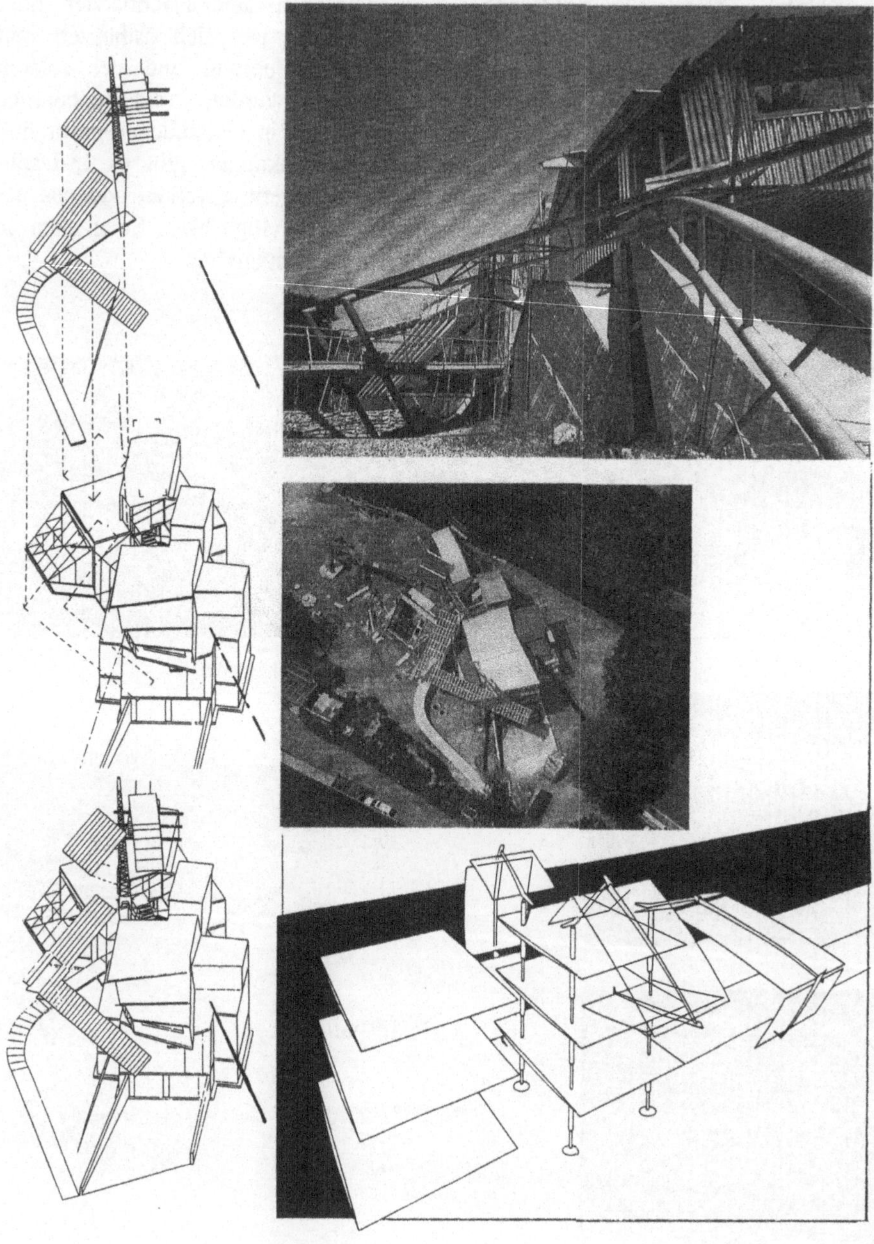

Flachdächer

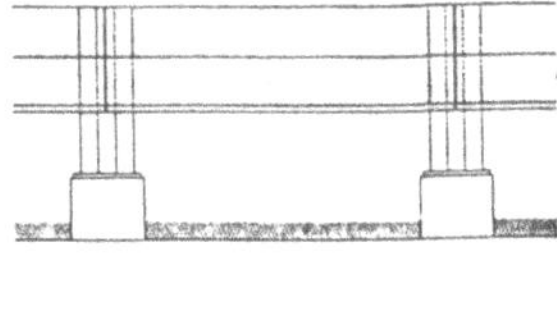

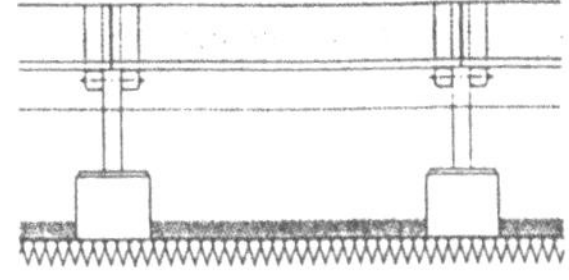

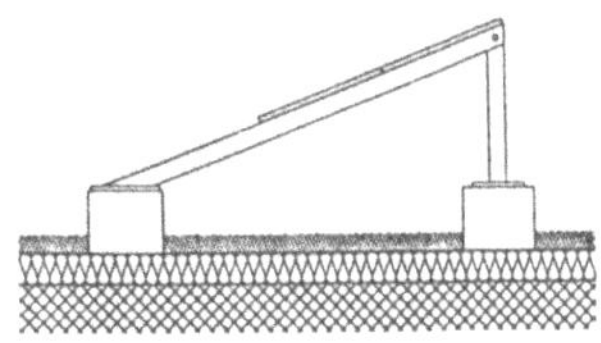

Die Schwerlastfundation verletzt die Dachhaut in keiner Weise. Der gestalterische Wert ist wesentlich durch die Form der Sockel bestimmt.

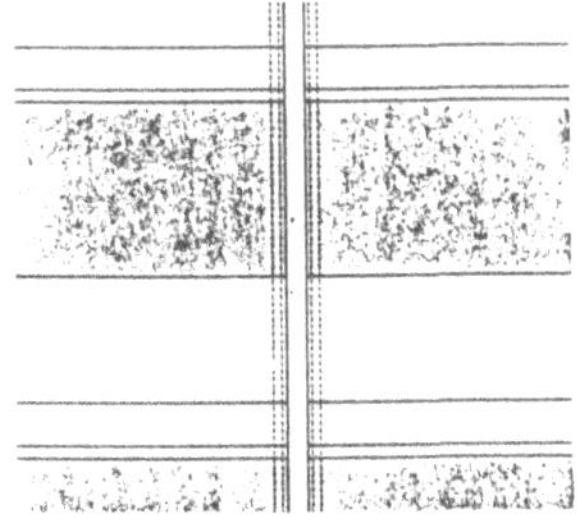

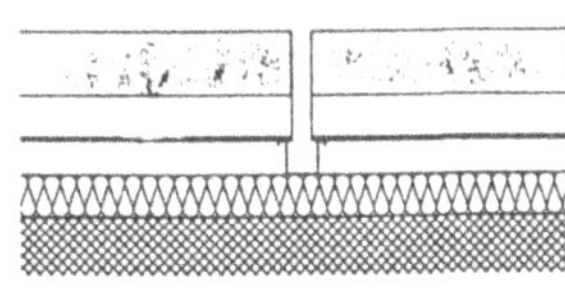

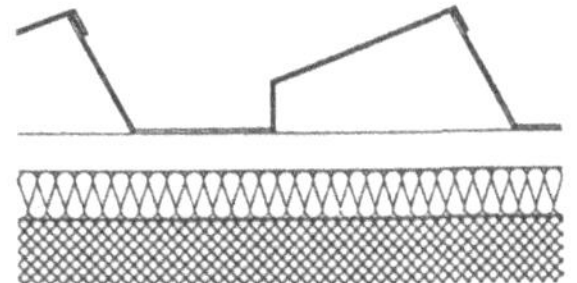

Bei der Lösung SOFREL *(Solar Flat Roof Element)* bildet das photovoltaische Element die Wetterhaut, wie das bei Fassaden- oder Schrägdachlösungen häufig der Fall ist.

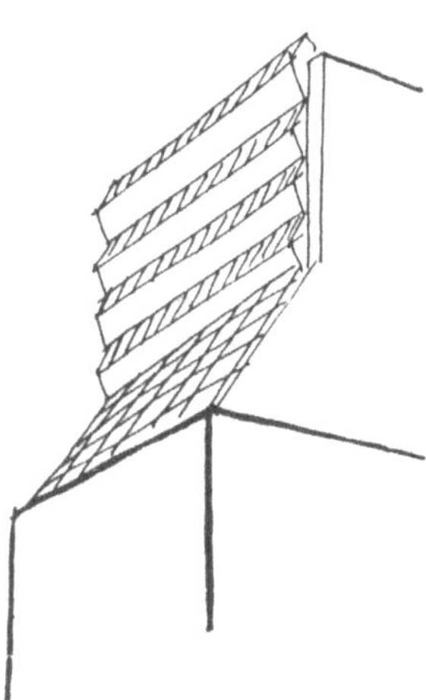

Schrägdächer

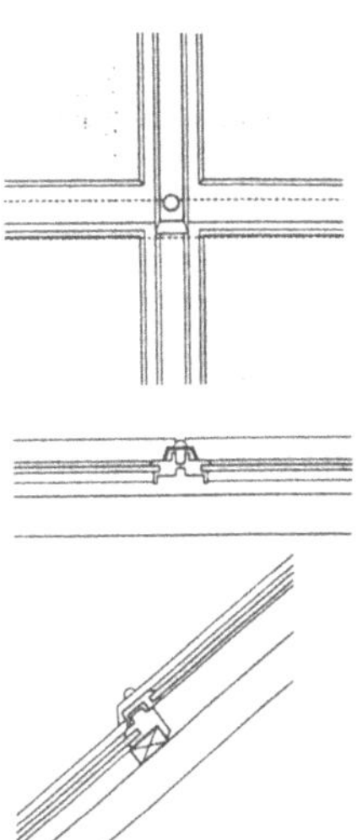

Der Solardachziegel liegt auf der gleichen Unterkonstruktion wie ein üblicher Dachziegel. Das Beispiel zeigt ein System aus der Schweiz mit einem Rastermaß von 50 auf 75 cm.

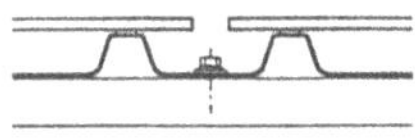

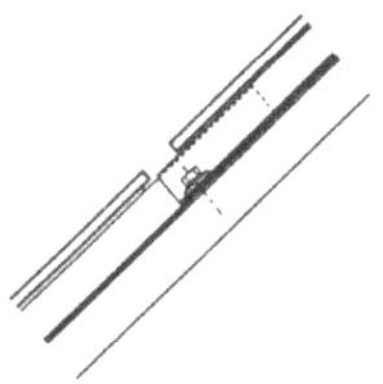

Trapezbleche als Unterlage von Solarzellen haben sich an mehreren Objekten sehr gut bewährt und sind kostengünstig.

Fassaden

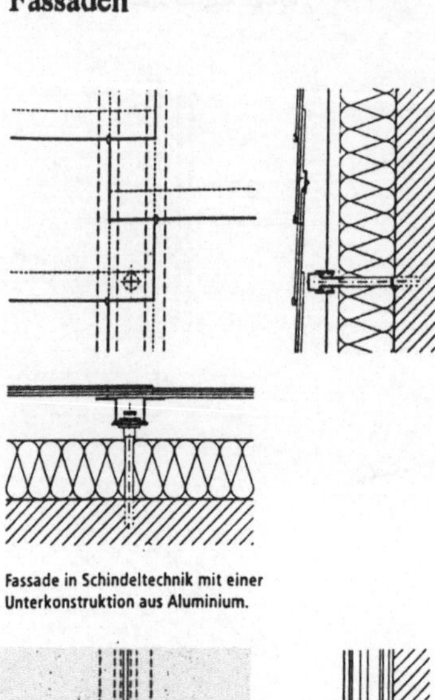

Fassade in Schindeltechnik mit einer Unterkonstruktion aus Aluminium.

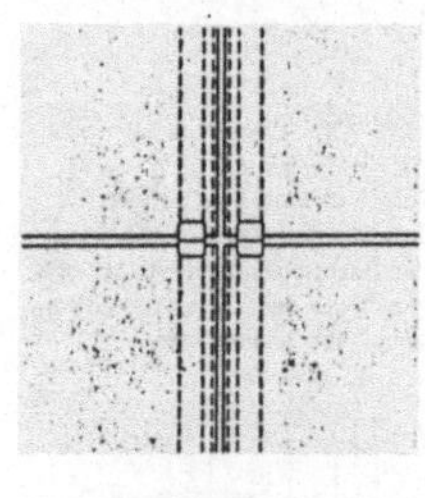

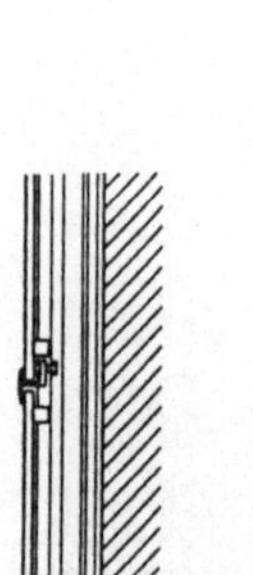

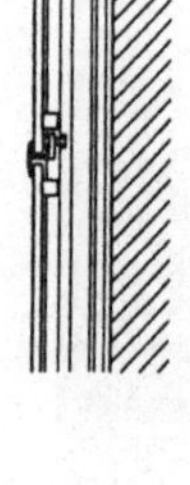

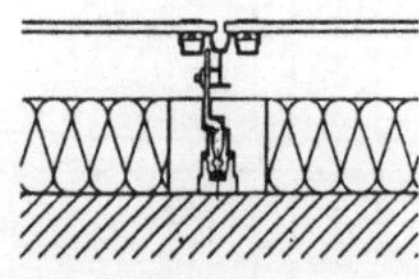

Bei dieser Variante sind beliebige Fassaden-Elemente – mit oder ohne Solarzellen – befestigt.

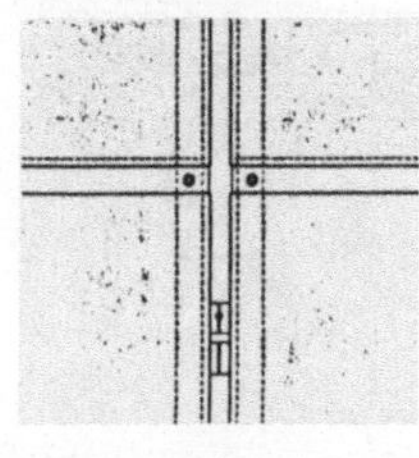

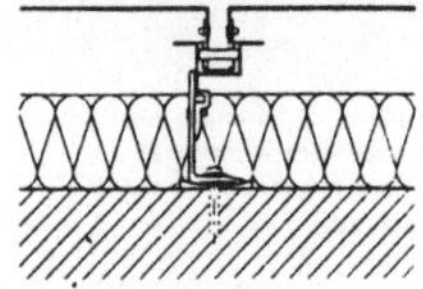

Fassadensystem mit eingehängten Kassetten, die allenfalls mit Solarzellen bestückt sein können.

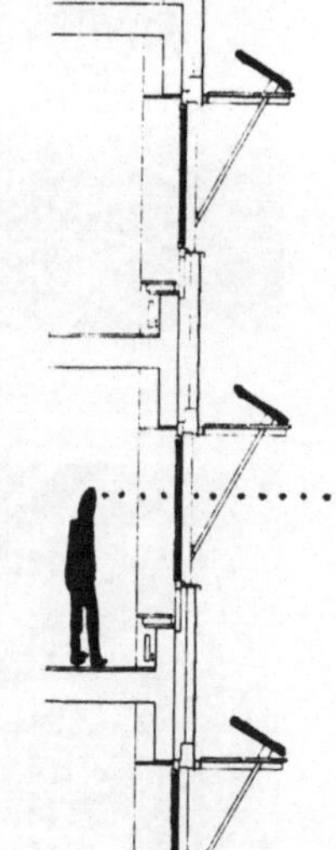

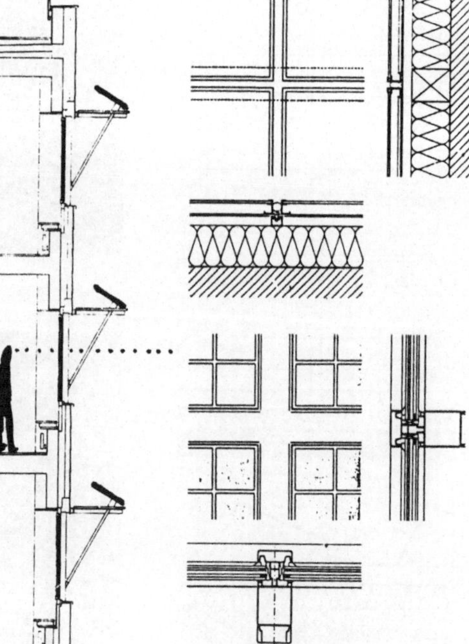

semitransparentes Modul 1,2 m
12% Lichttransmission
März September
Dezember
freie Sicht
Juni
Süden

Das deutsche Produkt *Flagsol* verwendet Solarzellen, die zwischen zwei Glasscheiben liegen. Je nach Bedarf kommen Isolier- oder Lärmschutzgläser zum Einsatz.

7. Photovoltaik - und Informationssysteme als Bauteilkomponenten in der Entwicklung und Gestaltung von integrierten Klima- und Kommunikationsfassaden

Gebäudehüllen sind als Raumabschluß in der Körper-Raum-Ebenen-Beziehung Vermittler zwischen Außen und Innen für die Klimasteuerung Licht, Luft, Wärme und Kälte in bestimmten Toleranzbereichen zuständig. In den bisher massiv gestalteten Gebäudehüllen konnte diese Vermittlung von Innen und Außen nur geringfügig durch energieaufwendige Glasfassaden ermöglicht werden. Seit Jahrtausenden werden monolithische Fassaden entwickelt, erprobt und realisiert, die besonders repräsentative, umgebungsbetonte Gestaltungsvarianten thematisieren. Als Beispiel sei nur die gotische Architektur des Kölner Doms mit seinen farbigen Kirchenfenster erwähnt, die in diesem Zusammenhang als eine Art präelektronischer Bildschirm verstanden werden kann.
Heute können wir bereits durch neue Gestaltungstechnologien mittels elektronifizierter Gebäudehüllen Fassadensysteme unterschiedlich ausgestalten und wie Bildschirmarchitekturen der jeweiligen Anforderung entsprechend verändern. Die Fassade wird zum Chamäleon, das die Farben des Innen und Außen widerspiegelt, Tag- und Nachtzeiten gekoppelt mit Bildübertragungen durch photovoltaikbetriebene Energiesysteme transformiert.

Beispiele variabler Gebäudehüllen und Fassadensysteme, die mit den Umweltbedingungen interagieren können bestehen

a. aus feststehenden Elementen, die passiv und aktiv auf Umwelteinflüsse reagieren:
- beschichtete und bedruckte Gläser, die den Durchgang von Licht und Wärmestrahlung begrenzen,
- Gläser, die mit PV-Modulen integrierten Warmfassaden - und Lichtkonstruktionen gleichzeitig Strom produzieren.

b. aus mechanischen Hüllenbauteilen

- individuell oder vollautomatische steuerbare, photovoltaik-betriebene Rollosysteme, Rolläden, Klappläden, Jalousien, die den Lichteinfall über Sensoren steuern und im geschlossenen Zustand einen zusätzlichen Wärmeschutz ermöglichen
- adaptierende Fassadensysteme, die über Sensoren auf wechselnde Licht- und Witterungsverhältnisse wie Sonne, Wind und Regen reagieren.

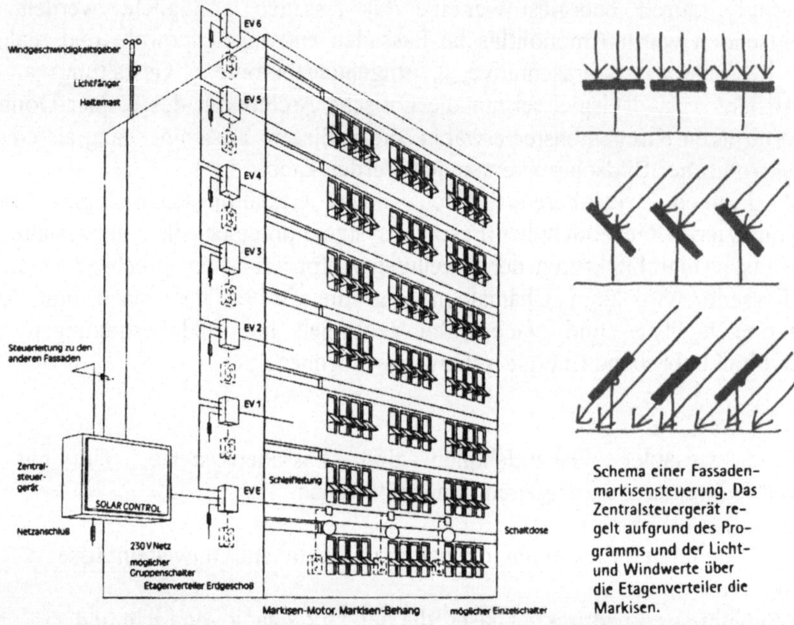

Schema einer Fassadenmarkisensteuerung. Das Zentralsteuergerät regelt aufgrund des Programms und der Licht- und Windwerte über die Etagenverteiler die Markisen.

c. aus elektronisch gesteuerten, variablen Hüllen- oder Fassadenelementen

- Steuerelemente, die ähnlich wie elektronische Bauelemente auf molekularer Ebene arbeiten:
  Umschaltvorgänge finden im Inneren des Werkstoffes statt
- Erprobte Anwendung: phototrope Brillengläser, die sich bei Lichteinstrahlung selbsttätig verdunkeln oder Gläser, die sich aufgrund von Wärmewirkung verfärben (thermochrome Gläser, Tald-Gel)

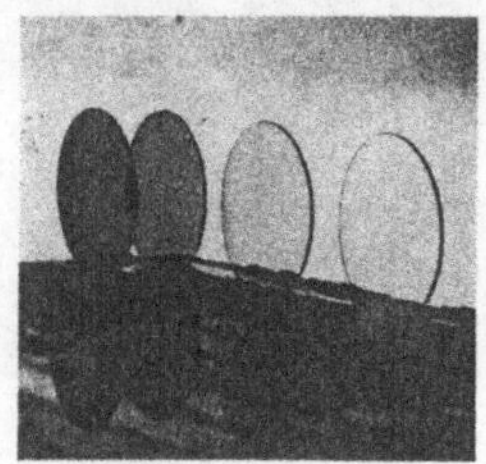

d. aus Displayfassaden

- LCD-Displays (mit Flüssigkeitskristallen)
- Display mit Lichtleitfasern
- Displays mit Glühlampen und Leuchtdioden
- Displayleitsysteme, die Bilder aus einzelnen Pixelementen (Bildpunkten), wie klare Leuchtkörper zusammensetzen
- intensitätsgesteuerte Hochvakuumsysteme nach dem Leuchtpentodenprinzip
- Großflächendisplaysysteme basieren auf einer neu entwickelten Zellentechnik. Die Lichterzeugung erfolgt auf der Basis von luminanzsignalgesteuerten Hochvakuumsystemen nach dem Leuchttrioden Prinzip.

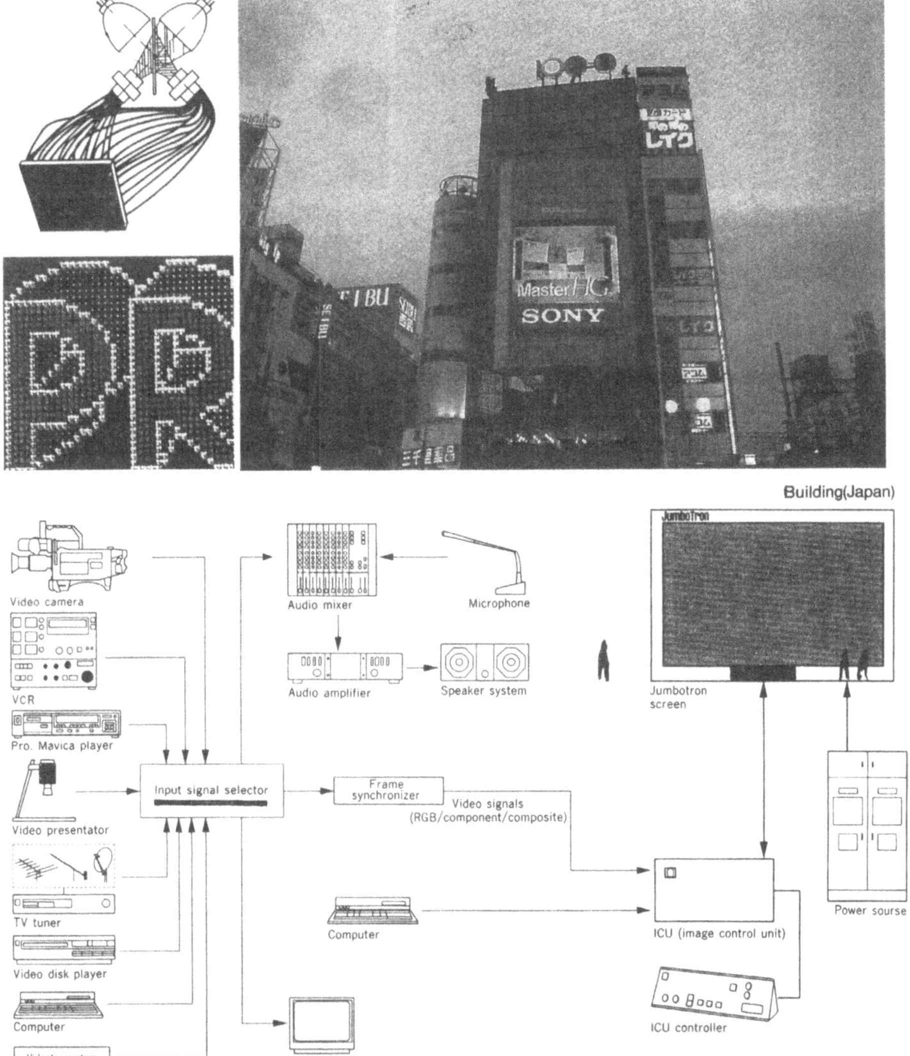

e. aus elektrochromen Schichtelementen

- mit transparenten Elektroden, zwischen denen sich ein Elektrolyt und ein elektronisches Material befindet
- stufenlose regelbare Verfärbungen bei Spannung und bei Entspannung wird das elektrochrome Material wieder durchsichtig

Anwendungen:

- Fensterglassysteme mit Interferenzschichten
- selbstabblendende Rückspiegel
- Frontscheiben für Flugzeuge und Autos

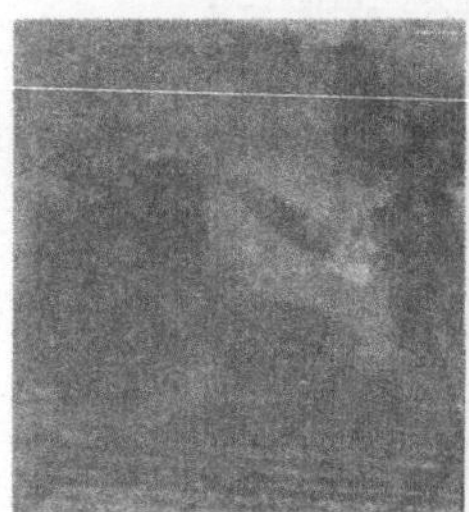

Bei dem Cockpit des Airbus A 320 versorgen Videodisplays und elektronische Anzeigetafeln den Piloten mit den notwendigen Informationen.

f. **aus der Entwicklung elektronisch-steuerbarer, polyvalenter Hüllen- oder Fassadenelementen**

- polyvalente Elemente, in denen die Kommunikationselektronik und Energiesteuerung zu einem integralen Bestandteil der Fassade werden
- polyvalente Elemente, die die Bandbreite des visuell-kinetischen Kommunikationsdesigns des Gebäudes steuerbar ermöglichen
- polyvalente Elemente, die außer der Regelung von Licht- und Wärmestrahlung auch Energietransport durch Wärmeleitung auf molekularer Ebene mittels thermoelektrischer Elemente ermöglichen (sog. Peltier-Elemente)

Literatur:

Thomas Spiegelhalter: "Klimawerkzeug Architektur - Intelligent Buildings", Entwurfsprojekte der Universität Kaiserslautern, Verlag Jürgen Häusser, Darmstadt, 1992

F.Dassler zu Projekten von Thomas Spiegelhalter: Energiesysteme und technische Gebäudeausrüstung der Architektur-Skulptur in Breisach, in: AIT Architektur/Innenarchitektur/Technischer Ausbau 1/2, 1993

W. Scherer zu Projekten v. Th. Spiegelhalter: Kunst und Architektur, in: Deutsche Bauzeitschrift, Mai 1993

D. Stumm, P. Toggweiler, "Photovoltaics in Architecture, The integration of photovoltaic cells in building envelopes, Birkhäuser Verlag, Basel-Boston-Berlin, 1993

Energieeinsparung im Bereich der Wärmeversorgung und der TGA von industriell errichteten Wohngebäuden der neuen Bundesländer

Dr.-Ing. Eberhard Helmstädter

1. Die Beheizungsstruktur und die Wärmeversorgung in den neuen Bundesländern

In den neuen Bundesländern wurden im Jahre 1990 ca. 25% aller Wohnungen mit Fernwärme[1] versorgt. Diesem hohen Anteil standen 68% des Wohnungsbestandes gegenüber, die individuell mit festen Brennstoffen beheizt wurden. In Tabelle 1 sind die Beheizungsstruktur, der Energiebedarf und die daraus resultierenden CO_2-Emissionen angegeben. Die anteiligen Emissionen für die Raumwärme von Wohnungen betrugen etwa 15% der Gesamtemissionen.

Die Entwicklung der Beheizungsstruktur ist bis zum Jahr 2005 von einem grundlegenden Wandel der Energieträger und der Heizungssysteme gekennzeichnet, /1/. Der Anteil von Nah- und Fernwärme für Wohngebäude wird auf ca. 40% steigen, wobei die Nahwärmeerzeugung an Bedeutung gewinnt.

Die fernwärmeversorgten Wohnungen wurden nahezu vollständig im industriellen Wohnungsbau errichtet. Bei Betrachtung der technischen Gebäudeausrüstung besteht für die Anlagen der Heizung, der Lüftung und der Trinkwassererwärmung in stärkerem Maße eine Abhängigkeit vom Baujahr als vom Wohnungsbautyp.

Wichtige Maßnahmen für die Minderung der CO_2-Emisson im Bereich der Wärmebereitstellung sind die Umstellung der Wärmeerzeugung auf Koppelprozesse (Kraft-Wärme-Kopplung) und die Energieträgerumstellungen.

Die in Tabelle 2 angegebenen CO_2-Emissionen, die durch die Verbrennung fossiler Energieträger entstehen, verdeutlichen deren Einfluß. Die höchste spezifische Emission tritt bei Rohbraunkohle und die geringste bei Erdgas auf.

---

[1] Bis 1990 erfolgte keine Unterscheidung zwischen Nah- und Fernwärme.

Tabelle 1: Beheizungsstruktur, Raumwärmebedarf und CO_2-Emission von Wohnungen im Jahre 1990 in den neuen Bundesländern, /1/

Beheizungsstruktur	Anzahl WE	Anteil	Energiebedarf		CO_2-Emission		Bemerkungen
			Nutz-	Primär-			
	10^3 WE	%	PJ/a	PJ/a	Mio t	%	
1. Fern- u. Nahwärme	1.746	24,8	73,2	115,0	12,4	23,2	
2. Gasheizung	180	2,6	7,2	16,8	1,8	3,4	
3. Elektro-Heizung	47	0,7	1,5	5,6	0,6	1,1	
4. Kombiniertes System (Brikett/Gas)	481	6,8	15,1	33,8	3,4	6,4	1 Raum mit Gas, übrige Räume mit Braunkohlen-Briketts
5. Kombiniertes System (Brikett/ELT)	152	2,2	4,6	14,5	1,4	2,6	1-Raum mit Elektroheizung, übrige Räume mit Braunkohlen-Briketts
6. Wohnungs-Zentral-Heizung (feste Brennstoffe)	1.056	15,0	70,9	125,6	11,7	21,9	
7. Einzelfeuerstätten (feste Brennstoffe)	3.368	47,9	124,2	237,2	22,1	41,4	
Gesamt: WE	7.030	100					
Energiebedarf			296,6	548,5			
CO_2-Emission					53,4	100	

Tabelle 2: CO_2 - Emissionen bei der Verbrennung fossiler Energieträger

Energieträger	Symbol	CO_2 - Emission	
		kg/ kWh	kt/ PJ [2]
Rohbraunkohle	RBK	0,39	111
Steinkohle	SK	0,332	93
Braunkohlen-Staub	BKS	0,346	97
Braunkohlen-Brikett	BB	0,33	92
Heizöl-leicht	Hö-L	0,26	73
Erdgas	EG	0,2	56

Mit den Energieträgerumstellungen und Wirkungsgradverbesserungen (einschließlich der verstärkten Anwendung der Kraft-Wärme-Kopplung) bei der Erzeugung und Verteilung kann für die Fernwärmeerzeugung bezogen auf die Endenergie eine Emissionsminderung von mindestens 40% erreicht werden.

---

2 Primärenergie

Im Bereich der Gebäudeheizung, einschließlich der anteiligen Wärmeversorgung und -verteilung, werden folgende Maßnahmen zur Energieeinsparung und Senkung der CO_2-Emission ergriffen:

- die Energieträgerumstellungen bei Einschränkung des Anteils von Braunkohle,
- der Ausbau der Kraft-Wärme-Kopplung,
- die Sanierung der Primär- und Sekundärnetze der Fernwärmeversorgung,
- die Absenkung der Vorlauf- und Rücklauftemperaturen,
- die energieverbrauchssenkenden Maßnahmen an den Umfassungskonstruktionen (baulicher Wärmeschutz),
- die Instandsetzungs- und Modernisierungsmaßnahmen an Anlagen der technischen Gebäudeausrüstung und
- die Beeinflussung des Nutzerverhaltens durch die verbrauchsabhängige Abrechnung.

2. Modernisierungsmaßnahmen im Bereich der technischen Gebäudeausrüstung

Die Instandsetzung und Modernisierung von Anlagen der technischen Gebäudeausrüstung stellen einen Teilkomplex der Maßnahmen für die Bauwerkserhaltung dar. Mit den Energieeinsparungen im Wärmesektor wird ein beachtlicher Anteil an den Emissionsminderungen von Kohlendioxid geleistet.

Die Funktionstüchtigkeit der Anlagen ist Voraussetzung für eine bedarfsgerechte Versorgung bei minimalem und verlustarmem Energieeinsatz. Energie- und emissionsmindernde Maßnahmen, vorrangig im industriellen Wohnungsbau der neuen Bundesländer, umfassen den gesamten Bereich von der Beheizungs- und der Energieträgerstruktur bis zur verbrauchsabhängigen Abrechnung.

Die technische Gebäudeausrüstung umfaßt bezüglich Wärme die Hausanschlüsse und die Anlagen für die Raumheizung, die Trinkwassererwärmung und -verteilung, die Lüftung und die technischen Voraussetzungen für die verbrauchsabhängige Abrechnung der Heizenergie und des erwärmten Trinkwassers.

Bisher häufig auftretende Mängel an den **Stationen** waren die verminderte Funktionstüchtigkeit der Regelorgane und der unzureichende Zustand der Wärmedämmung und an den Heizungsanlagen der nicht immer ausreichende hydraulische Abgleich. Negative Auswirkungen auf die Heizwärmezufuhr werden durch überhöhte Fahrkurven (Heizungsvorlauftemperatur als Funktion der Außentemperatur) ausgeglichen.

Die Produktion von Kompaktstationen mit der integrierten Erwärmung von Trinkwasser begann ab 1972. Bis zu diesem Zeitpunkt wurden individuell vor Ort gefertigte Anschlüsse ausgeführt. Im Ergebnis von Untersuchungen bestehen vor allem für die mit einer Gesamtstückzahl von ca. 2.500 ab 1984 hergestellten Stationen HA 33 kostengünstige Sanierungsmöglichkeiten, /2, 3, 4/. Die Trinkwassererwärmung erfolgt in diesem Stationstyp nach dem Durchflußprinzip mit Spitzenspeicher.

Die eingesetzten **Heizungssysteme** im industriellen Wohnungsbau auf dem Gebiet der DDR sind, /5/:

- Einrohrheizungen mit Konvektortruhen oder Plattenheizkörpern ohne Heizkörperventile bis etwa 1972. Sie besitzen eine unzureichende Regelfähigkeit und sind in größerem Maße verschlissen, notwendig ist eine komplette Erneuerung bzw. Modernisierung.

- Einrohrheizungen mit Flach- oder Plattenheizkörpern, Bypässen und Heizkörper-2-Wege-Ventilen sind ab etwa 1972 im Einsatz, in 5- bis 6-geschossigen Gebäuden bis etwa 1981 in höhergeschossigen bis 1990. Sie sind bei angemessener Restlebensdauer für eine Modernisierung mit Thermostatventilen und für eine Ausrüstung mit Heizkostenverteilern geeignet.

- Zweirohrheizungen werden seit 1982 mit Plattenheizkörpern und Thermostatventilen in 5- bis 6-geschossigen Wohnbauten eingesetzt. Diese Heizungen befinden sich zum überwiegenden Teil in einem erhaltenswürdigen Zustand und sind für eine Ausrüstung mit Heizkostenverteilern geeignet, erfordern aber eine Überprüfung der Thermostatventile.

In großem Umfang wurden seit 1990 die Modernisierung der ungeregelten Einrohrheizungen, entweder durch den Austausch der Konvektortruhen und die Nachrüstung mit Bypässen und Thermostatventilen oder durch die komplette Umrüstung auf Zweirohrheizungen, und die Ausrüstung der handgeregelten Einrohrheizungen mit Thermostatventilen in Angriff genommen. Ein zusätzlicher Bedarf für die Umrüstung auf Zweirohrheizungen ergibt sich mittelfristig für Einrohrheizungen in Abhängigkeit vom Korrosionszustand.

Die **Trinkwassererwärmung** erfolgt dezentral auf der Basis von Gas (< 10%), zentral in den Wärmeübertragerstationen oder integriert in die Hausanschlußstationen nach dem Durchflußprinzip mit oder ohne Speicher bzw. mit Spitzenspeicher. Modernisierungsmaßnahmen für die Trinkwassererwärmung sind die Vervollkommnung der horizontalen und vertikalen Zirkulationssysteme, die Wärmedämmung der horizontalen und vertikalen Verteilungen sowie die Zeitschaltung von Zirkulationspumpen. Im Zeitraum 1990-2005 sind weitestgehend alle Warmwasserverteilungssysteme zu erneuern, weil in Abhängigkeit von der Wasserqualität mit einer durchschnittlichen Lebensdauer der bisherigen Anlagen von 5-10 Jahren zu rechnen war.

Bei der **Wohnungslüftung** werden bezüglich Energieeinsparung die Verminderung des mittleren Grundluftwechsels, die zeitlich gesteuerte Bedarfslüftung, der hydraulische Abgleich der Systeme, die Verminderung der Leck- und Druckverluste in den Lüftungsleitungen und sofern realisierbar, die Wärmerückgewinnung wirksam.

Überhöhte mittlere Gebäudetemperaturen sind die Ursache für eine verstärkte Zusatzlüftung durch die Nutzer, die mit der verbesserten Regelfähigkeit der Heizungsanlagen abgebaut wird. Funktionelle Mängel führen erfahrungsgemäß zu Manipulationen an den Lüftungssystemen.

Das **Nutzerverhalten** wird in starkem Maße durch die verbrauchsabhängige Abrechnung für die Raumheizung und die Trinkwassererwärmung beeinflußt. Gemäß Einigungsvertrag gelten die Heizungsanlagen-Verordnung und die Verordnung über Heizkostenabrechnung ab 1996 auch für die neuen Bundesländer. Bis zu diesem Zeitpunkt sind die raumweise Temperaturregelung und die verbrauchsabhängige Abrechnung der Heizenergie und des Verbrauchs von erwärmtem Trinkwasser zu realisieren. Der überwiegende Teil der fernwärmeversorgten WE ist mit Thermostatventilen, mit zentralen Meßeinrichtungen für den Wärmeverbrauch, mit Heizkostenverteilern und mit Wohnungswarmwasserzählern auszurüsten. Erfahrungswerte für die Einsparung von Heizenergie auf Grund der Heizkostenabrechnung liegen bei 10-15%.

Im Bereich der technischen Gebäudeausrüstung bestehen die Energieeinsparpotentiale in:

- der durchgängigen Realisierung der innen- oder außentemperaturabhängigen Regelung der Vorlauftemperatur der Gebäudeheizung (angepaßte Fahrkurven) und von optimalen Absenkzeiten,

- der Nutzung der internen und externen Energiequellen durch den Einsatz von Thermostatventilen oder von Systemen der Einzelraumtemperaturregelung,

- der Verminderung einer unkontrollierten Zusatzlüftung und der Realisierung einer optimalen Grund- und Bedarfslüftung,

- der Verminderung der Zapf- und Wärmeverluste bei der Trinkwassererwärmung durch die Verbesserung der Zirkulation und die Vervollkommnung der Wärmedämmung und

- der Abrechnung von Heizenergie und erwärmtem Trinkwasser nach Verbrauch.

Energieeinsparpotentiale bezogen auf den Endenergiebedarf im Bereich der technischen Gebäudeausrüstung von fernwärmeversorgten Großsiedlungen betragen 20-30%.

3. Zur verbrauchsabhängigen Abrechnung

Übliche Verfahren der Heizkostenabrechnung und der Abrechnung des Verbrauchs erwärmten Trinkwassers beruhen auf der für die Nutzereinheit zentralen Messung der Heizenergie bzw. des Verbrauchs von erwärmtem Trinkwasser und deren Verteilung auf die Nutzer mittels Heizkostenverteilern und Wohnungswarmwasserzählern.

Systeme der Heizkostenverteilung sind:

- Verdunster, HKV-V - in Abhängigkeit von der Oberflächentemperatur des Heizkörpers verdunstet in einem Meßröhrchen Meßflüssigkeit. Besonderheiten der Heizkörper und deren Normwärmeabgabe sind in produktbezogenen, heizkörperspezifischen Skalen berücksichtigt. Die HKV-V stellen eine bewährte und kostengünstige Variante der Heizkostenverteilung dar. Einsatzbeschränkungen der Verdunster bestehen darin, daß sie nach DIN 4713 nicht bei Einrohrheizungen, die den Bereich einer Nutzereinheit überschreiten, verwendet werden können.

- Elektronische Heizkostenverteiler (Heizkostenverteiler mit elektrischer Hilfsenergie) - HKV-E, die Verbrauchseinheiten werden auf der Basis der Heizkörperoberflächentemperatur, der Raumtemperatur und der Heizkörperdaten berechnet. In 1-Fühler-Geräten wird mit einer Raumtemperatur von 20 ^{o}C gerechnet, in 2-Fühler-Geräten mit der tatsächlichen Raumtemperatur. 2-Fühler-Geräte weisen die höchsten Genauigkeiten auf.

- Ein bezüglich Energieverbrauchssenkung modernes Verfahren ist das System der Einzelraumtemperaturregelung auf der Basis eines Wohnungsrechners. Das System vereinigt in sich die bedarfsgerechte Versorgung der Räume mit Heizenergie (angesteuerte Heizkörperventile) und die Erfassung der verbrauchten Heizenergie. Die Ankopplung an einen Gebäuderechner ist möglich. Anschlußmöglichkeiten bestehen für die Erfassung weiterer Verbrauchsgrößen. Geeignet ist das System sowohl für Einrohr- als auch für Zweirohrheizungen.

Kriterien für die Auswahl der Systeme sind die Verteilgerechtigkeit für die Heizkosten, die Kosten der Installation und der Dienstleistung Abrechnung, das Energieeinsparpotential und die Energiekostenersparnis, aber auch die Mieterakzeptanz für die Ablesung.

Unter den besonderen Bedingungen in den neuen Bundesländern bestand für die Heizkostenverteilung im folgenden Untersuchungsbedarf:

- Einsatz von Verdunstern in Einrohrheizungsanlagen. Diesbezügliche Untersuchungen werden sowohl in vom BMFT geförderten als auch von der Wohnungswirtschaft in Auftrag gegebenen Pilotprojekten derzeitig durchgeführt.

- Berücksichtigung der Rohrwärmeabgabe. Der Anteil der Rohrwärmeabgabe erreicht den Heizkörperanteil in innenliegenden Wohnungen bei sparsamen Verbrauchsverhalten, er wird gering in exponierten Wohnungen.

4. Zusammenfassung

Der überwiegende Teil des im industriellen Wohnungsbau errichteten Gebäudebestandes ist an die Fernwärme angeschlossen. In Abhängigkeit von den Zeitabschnitten der Errichtung liegt für die technische Gebäudeausrüstung ein hoher Typisierungsgrad vor. In bestimmten Bereichen, insbesondere für die Heizungsanlagensanierung, haben sich für die Realisierung der Modernisierungsmaßnahmen Standardlösungen herausgebildet.

Komplexe Lösungen, die sowohl die technische Gebäudeausrüstung als auch den baulichen Wärmeschutz umfassen, werden angestrebt, bilden aber heute noch eine Ausnahme.

Zielstellung für die Sanierung und Modernisierung der Anlagen ist die Einsparung von Energie. In der Gesamtheit der Maßnahmen im Bereich der technischen Gebäudeausrüstung ist eine Minderung des Endenergiebedarfs um 20-30% möglich.

Literatur

/1/ "Analyse zur Senkung der CO_2-Emission bei der Raumheizung durch die Veränderung der Energieträgerstruktur und energieökonomische Verbesserung der Bausubstanz"
Institut für Heizung, Lüftung und Grundlagen der Bautechnik
Berlin, 1990 - unveröffentlicht

/2/ Sternberg, P.
Vortrag auf der Internationalen TGA-Messe 1991 in Leipzig
September 1991

/3/ Schmidt, J.; Fohry, R; Bindler, J.-E.
Verbesserungen bei Regelung, Wärmedämmung und Bausubstanz - Maßnahmen beim Verbraucher von Fernwärme
VDI-Bericht 986, 1992

/4/ Bräunig, K.-U.; Munser, H.; Rasim, W.
Ergebnisse meßtechnischer Untersuchungen an Hausanschlußstationen und Vorschläge zu ihrer Sanierung
BMFT-Verbundprojekt "Möglichkeiten zur Sanierung der Fernwärmeversorgung in den neuen Bundesländern"
Februar 1993

/5/ Jarczyk, W.
Heizungsmodernisierung in den neuen Bundesländern
Modernisierungsmarkt Berlin/ Brandenburg, 92/10

Förderung des BMFT auf dem Gebiet der erneuerbaren Energien unter besonderer Berücksichtigung von Windenergie und Geothermie

Dr. Gert Hauerstein

1. Überblick

1.1 Energieforschungspolitik der Bundesregierung

Es ist Aufgabe der Energiepolitik im allgemeinen und der Energieforschungspolitik im besonderen, Energieangebot und -verbrauch noch effizienter, umweltverträglicher und sicherer zu machen. Deshalb verfolgt das 3. Programm Energieforschung und Energietechnologien vom 21. Februar 1990 folgende fünf Zielsetzungen:

- Weiterentwicklungen der heute vorhandenen Energien, so daß sie als Zukunftsoptionen auch langfristig zur Verfügung stehen können.
- Erschließung neuer, CO_2-freier Energiequellen mit langfristig großem Potential: erneuerbare Energien, Brutreaktoren, kontrollierte Kernfusion.
- Bereitstellung von neuen- bzw. weiterentwickelten Techniken zur effizienten Energieumwandlung und rationellen Energieverwendung.
- Ausarbeitung von Konzepten, um den Austoß an klimarelevanten Schadgasen durch unser Energiesystem auf Dauer erheblich zu reduzieren.
- Entwicklung von Techniken für die Energieversorgung der Länder der Dritten Welt.

1.2 Bemerkungen zur Energieversorgung und CO_2-Problematik

Unsere derzeitige Energieversorgung stützt sich zu rd. 88 % auf fossile Primärenergieträger. Dies wird sich weltweit und national mittel- und langfristig nicht wesentlich ändern. Dies hat zur Folge, daß auch weiterhin sehr große Volumina an CO_2-Emissionen freigesetzt werden. Für die Bundesrepublik gliedern sich diese Emissionen der Rangfolge nach in folgende Sektoren:

1. Kraftwerke (38 %),
2. Industrie (23 %),
3. Haushalte und Kleinverbrauch (20 %),

4. Verkehr (19 %),
(Quelle: BMWi-Energiedaten 1992/93).

Wie Sie wissen, hat sich Deutschland zusammen mit einer Reihe anderer Nationen darauf festgelegt, gegen den gewaltigen CO_2-Ausstoß entschiedene Schritte zu unternehmen. Das Bundeskabinett hatte deshalb bereits im Dezember 1990 beschlossen, für das Jahr 2005 eine Reduktion der CO_2-Emissionen in Deutschland um 25-30 % (bezogen auf das Jahr 1987) anzustreben.

Für den größten CO_2-Emittenden, den Kraftwerksbereich ergeben sich von technologischer Seite her prinzipiell zwei Möglichkeiten der CO_2-Reduktion:

1. Der Einsatz von Energien, die kein CO_2 (Kernenergie und Erneuerbare Energie) oder weniger CO_2 (Substitution durch Gas) freisetzen und
2. Einsatz von neuen Technologien, die mit höheren Umwandlungs-Wirkungsgraden arbeiten. Damit liegen die wichtigsten Schwerpunkte der Energieforschung bei
   - der Umwandlungs- und Verbrennungstechnik für fossile Energien,
   - der Sicherheitsforschung für Kernreaktoren und
   - beim Forschungsbereich der erneuerbaren Energien.

Für die Sektoren Industrie, Haushalt und Kleinverbrauch ist das BMFT neben der vorrangigen Breitstellung neuer Technologien auch an neuen Rahmensetzungen im Bereich technischer Verordnungen wie z.B. Wärmeschutz- und Heizungsanlagenverordnung beteiligt.

In dem sehr heterogenen Bereich der Industrie sind seit 1974 vielfältige Ansätze verfolgt worden mit dem Ergebnis, daß heute Technologien in großem Umfang zur Verfügung stehen. Die FuE-Förderung konzentriert sich deshalb mit einem kleinen Programm auf Querschnittsthemen, von denen eine Anschubwirkung erwartet werden kann.

Haushalt und Kleinverbrauch werden weitgehend durch das FuE-Programm zur rationellen Energieverwendung (REV) abgedeckt. Als große Schwerpunktsetzung ist hier die Energie-Einsparung bei der Niedertemperaturwärme bzw. deren Bereitstellung durch Solarenergie zu sehen.

Die im Bereich des Verkehrssektors geförderten Forschungs- und Entwicklungsprojekte auf dem Gebiet der bodengebundenen Verkehrs- und Transportsysteme haben neben verkehrstechnischen Verbesserungen durchgängig auch die Verringerung der Umweltbelastungen zum Ziel. Dabei stehen Energieverbrauch und die Emissionen von Schadstoffen und CO_2 in einem direkten Zusammenhang. Entsprechend befinden sich die Energieforschungs- und Verkehrs- bzw. Fahrzeugentwicklungsprogramme in einem ständigen Abstimmungsprozeß, d.h. insbesondere zwischen den zuständigen Ressorts Verkehr, Umwelt und Forschung.

1.3 Wesentliche Forschungsaktivitäten in den Bereichen "Erneuerbare Energien und rationelle Energieversorgung"

Die Schwerpunkte der Forschungs- und Entwicklungsaktivitäten liegen hier u.a. in den Bereichen:

- Sonnenenergie:
  - o Weiterentwicklung von Techniken zur solarthermischen und photovoltaischen Sonnenenergienutzung mit dem Ziel wirtschaftlicher Konkurrenzfähigkeit.
  - o Demonstration der Anwendbarkeit der Photovoltaik in Deutschland u.a. im "Bund-Länder-1000-Dächer-Photovoltaik-Programm" mit rund 2000 Anlagen und einem begleitenden Meß- und Auswertungsprogramm.
  - o Demonstration der thermischen Nutzung der Sonnenenergie zur Warmwasserbereitung und Nahwärmeversorgung im Programm SOLARTHERMIE-2000
  - o Weiterentwicklung der Techniken zur Herstellung kostengünstiger kristalliner Siliziumzellen mit hohen Wirkungsgraden sowie von Herstellverfahren für Dünnschicht-Solarzellen.
- Windenergie
  - o Weiterentwicklungen mit dem Ziel durch Großwindanlagen eine verbesserte Nutzung der nur begrenzt vorhandenen günstigen Standorte zu erreichen.
  - o Optimierung der Betriebsstandzeiten, Senkung des Wartungsaufwands sowie Akzeptanzverbesserung durch Entwicklungen bei den Geräuscheemissionen.
  - o Fortsetzung des laufenden Demonstrationsprogramms "250 MW Wind"; Auswertung der Betriebsergebnisse durch das wissenschaftliche Meß- und Evaluierungsprogramm, das bis zum Jahr 2005 fortgeführt wird.
- Geothermie
  - o Entwicklung von Nutzungsmöglichkeiten der heißen, hoch versalzenen Tiefenwasser in der Norddeutschen Tiefebene.
  - o Beteiligung an wissenschaftlichen Arbeiten im Rahmen eines europäischen Hot Dry

Rock-Programms.

- Wasserstofftechnologie und Sekundärenergiesysteme
  - o Verbesserung der Herstellungs- und Anwendungstechniken von Wasserstoff insbesondere im Rahmen der Demonstrationsprojekte
    Solar Wasserstoff Bayern in Neunburg v. Wald und
    Hysolar (Zusammenarbeit mit Saudi Arabien).

  Eine enge Verbindung zur Wasserstofftechnologie hat im Hinblick auf die Energieversorgung die

  - o Brennstoffzelle für Einsätze z.B. im
    Kraftwerk oder im
    Kraftfahrzeug
  - o Elektrische Speicher
    Weiterentwicklung der
    Na/S-Batterie und der
    Na/$NiCl_2$-Batterie in erster Linie für Elektrofahrzeuge und
  - o Supraleitende Magnetische Energiespeicher (SMES) für die Stromversorgung der Industrie (Sekundenreserve).

Nach diesem allgemeinen Überblick möchte ich nun etwas näher auf die Windenergieförderung eingehen.

2. Demonstrations-, Forschungs- und Entwicklungsvorhaben im Bereich Windenergie

Die BMFT-Förderung der Windenergie führte ab 1974 im Prinzip konsequent über einen Zeitraum von 10 Jahren von der Grundlagenforschung zu kleinen Anlagen und etwa ab Mitte der 80er Jahre bis heute zu mittleren und großen Anlagen. Dieser gradlinige Pfad wurde vorübergehend durch die isolierte Entwicklung einer 3MW großen Windanlage, GROWIAN genannt, verlassen. Diese gigantische Anlage mit einem Rotordurchmesser von 100 m mußte wegen Festigkeitsmängeln nach einer kurzen Demonstrationsphase wieder abgebaut werden. Dennoch waren die hohen Millionenbeträge nicht nutzlos ausgegeben, denn es wurde dabei viel gelernt und wertvolle wissenschaftliche Erkenntnisse gewonnen.

Von den in den Anfangsjahren bei verschiedenen Herstellern geförderten und erprobten kleinen Windkraftanlagen mit 10-15 Meter Rotordurchmesser erreichten nur wenige wirkliche Serienreife. Diese Anlagen wurden überwiegend in die USA exportiert, aber auch in Entwicklungsländern eingesetzt .In Deutschland gab es bis Ende der 80er Jahre praktisch keinen Markt für Windkraftanlagen.

Erst die beiden Demonstrationsprogramme des BMFT 1986 für kleine und mittelgroße Anlagen bis 250 kW und 1987 für Anlagen von 80 bis 800 kW sowie die Erprobung verschiedener Anlagentypen in mehreren Windparks führten bei deutschen Herstellern zu Entwicklungen, die die heutigen Serienanlagen maßgeblich geprägt haben und mit denen der Anschluß an die aktuellen Entwicklungen des Auslandes gefunden werden konnte.

Im Rahmen dieser Demo-Programme wurden die Hersteller von WKA gefördert. Um aber Erfahrungen aus dem längerfristigen Betrieb von WKA zu sammeln, bot das BMFT 1989 den Betreibern ein Breitentestprogramm an, das zunächst auf 100 MW, später auf 250 MW ausgelegt wurde. Es wird von einem wissenschaftlichen Meß- und Evaluierungsprogramm (WMEP) begleitet, das die Daten der geförderten Anlagen 10 Jahre lang erfaßt und auswertet. Als Anreiz für die Teilnahme erhalten die Betreiber vom BMFT einen Betriebskostenzuschuß, der sich nach der erzeugten Strommenge richtet und bei Eigenverbrauch 0,08 DM, bei Stromeinspeisung 0,06 DM pro kWh beträgt. Bestimmte Personengruppen können wahlweise einen Investitionszuschuß erhalten. In beiden Fällen ist es Pflicht, am WMEP teilzunehmen. Weitere Einnahmen können die Betreiber durch eine gesetzlich festgelegte Vergütung erzielen, die von den EVU für den in ihr Netz eingespeisten Strom gezahlt wird. Das sind derzeit zwischen 0,16 und 0,17 DM pro kWh.

Nach Abschluß dieses BMFT-Programms im Jahre 1996 sollen dann etwa 2000 Windkraftanlagen mit einer Gesamtleistung von 250 MW neu errichten worden sein. Bis Ende 1993 sind schon 1400 Anlagen mit rund 180 MW bewilligt worden.

Das "250 MW-Wind"-Programm der Bundesregierung wird durch zusätzliche Förderungsmöglichkeiten einiger Bundesländer ergänzt. Insgesamt beträgt die installierte Leistung in Deutschland heute rund 270 MW.

Parallel zu den Demonstrationsprogrammen hat sich das BMFT seit Mitte der 80er Jahre auf die Förderung der Weiterentwicklung größerer Anlagen bis in den MW-Bereich hinein konzentriert. Dies führte zu Großwindanlagen der zweiten Generation. Dazu gehören die beiden 1.2 MW-Anlagen WKA 60 auf Helgoland, und im Kaiser-Wilhelm-Koog sowie der 640 kW Monopteros in Wilhelmshaven. Keine dieser Anlagen konnte bisher eine Anwendung finden, die über den Prototypstatus hinausgeht. Der Grund liegt offenbar darin, daß trotz weiterer technischer Fortschritte die Konzepte wirtschaftlich noch nicht ausreichend verbessert werden konnten. Dennoch erhofft sich die Elektrizitätswirtschaft, die diese Anlagen betreibt und über eigene Gesellschaften finanziert hat, wichtige Erkenntnisse über zukünftige Einsatzmöglichkeiten dieser Kraftwerke. In die zweite Generation fällt auch der im Herbst 1993 in Wilhelmshaven errichtete AELOUS II (80 m, 2 Blatt) mit 3 MW Nennleistung.

Alle bisher genannten Windkraftanlagen haben eine horizontale Drehachse. Hiervon abweichende Konstruktionen mit <u>vertikaler Drehachse</u> wurden ebenfalls und mit unterschiedlichem Erfolg gefördert. Der nach seinem Erfinder benannte Darrieus-Rotor konnte sich bisher nicht durchsetzen. Mit einer etwas anderen Form, dem sogenannten H-Rotor, wird jetzt versucht, den anlagentypischen Vorteil der Unabhängigkeit von der Windrichtung auszunutzen.

Ein 1 MW-Prototyp mit einem H-Rotor ist gerade in der Entwicklung und soll in der Eifel errichtet werden.

Um relativ kurzfristig die Wirtschaftlichkeit kommerzieller Mittelklasseanlagen zu erreichen, wird ein weiterer 1 MW-Prototyp unter Einbeziehung innovativer Konzepte bzw. Komponenten entwickelt. Beide 1 MW-Anlagen werden im Rahmen des Joule II-Programms auch von der EG gefördert werden.

2.1 <u>Einsatz der Windenergie unter anderen klimatischen Bedingungen</u>

In Industrieländern haben fast 100 % der Bevölkerung Zugang zum elektrischen Netz. In Entwicklungs- und Schwellenländer sind die Verhältnisse jedoch ganz anders. Nach einer Studie der Weltbank haben in diesen Teilen der Welt fast 50 % der Bewohner keinen Zugriff auf zentrale Energieversorgungsnetze. Für solche Fälle sind gerade die erneuerbaren Energien besonders gut geeignet. Deshalb fördert das BMFT seit vielen Jahren die bedarfsorientierte Technologieentwicklung, die Demonstration und Erprobung im jeweiligen Einsatzgebiet bis zur Marktreife. Dabei ist es durchaus möglich, daß

Techniken, die in Deutschland nicht wirtschaftlich sind, in ländlichen Regionen der Entwicklungsländer mangels anderer Alternativen konkurrenzfähig sein können.

Die daraus gewonnenen Erfahrungen in Südeuropa, Lateinamerika und Afrika haben gezeigt, daß

1. der Parallelbetrieb von kleinen Windanlagen mit Dieselaggregaten eine zuverlässige Elektrizitätsversorgung zu vertretbaren Kosten gewährleistet,
2. Windkraftanlagen zu Windparks zusammengefaßt werden sollten und eine gewisse Mindestgröße haben sollten, damit sich eine Serviceorganisation wirtschaftlich tragen kann,
3. die Anlagen wegen extremer klimatischer Verhältnisse noch zuverlässiger und wartungsfreundlicher sein müssen als bei uns.

Trotz aller Erfahrungen, die in vielen Einzelvorhaben erzielt wurden, besteht noch ein weiterer Entwicklungs- und Erprobungsbedarf bei Komponenten, Systemen und einzelnen Versorgungslösungen. Aus diesem Grunde hat das BMFT im Jahre 1991 das Förderprogramm ELDORADO-Wind aufgelegt, das gemeinsam mit einigen Partnerländern durchgeführt wird. Durch die vom BMFT gewählte Förderung soll einer größeren Zahl von Anwendern in südlichen Klimazonen der Anreiz gegeben werden, in Zusammenarbeit mit deutschen Partnern Windkraftanlagen zu errichten und zu betreiben. Damit soll aufbauend auf den Erkenntnissen der Inlandsmaßnahmen innerhalb der nächsten 5 Jahre im Ausland durch dieses Programm eine installierte Gesamtleistung von 20 MW erreicht werden.

2.2 Mittelaufwand und Ausblick

Das BMFT hat für die Förderung der Windenergie bisher rund 300 Mio DM aufgewendet; davon etwa 100 Mio für kleine und mittlere Windanlagen; rund 120 Mio DM für große Windanlagen, ca. 40 Mio DM für sonstige FuE-Vorhaben und - seit 1989 ca. 40 Mio für das "250 MW Wind"-Programm. Am Ende dieses Programms im Jahr 2007 werden voraussichtlich 350 Mio DM für Zuschüsse und für das Meßprogramm ausgegeben worden sein.

Zusätzlich sind mehrere Mio DM für das ELDORADO-Programm ausgegeben worden.

Auch in Zukunft werden BMFT-Mittel für FuE-Einzelprojekte zur Verfügung stehen.

Bei kleinen und mittelgroßen Anlagen ist jedoch der Entwicklungsstand schon so weit fortgeschritten, daß Weiterentwicklungen bis auf Ausnahmen von den Herstellern selbst finanziert werden sollen.

Die Qualität der WKA hat sich also erfreulich verbessert. Insbesondere in den letzten 3-5 Jahren. Wenn das auch nicht für alle Typen zutrifft, so ist ein Ausleseprozeß in Gang gekommen, der sich verstärken wird, wenn belastbare Daten über Wartungs- und Instandsetzungskosten vorliegen werden.

In Zukunft wird der Akzeptanz vermehrte Aufmerksamkeit geschenkt werden müssen, beispielsweise durch Verringerung der Schallemmission. Im Vordergrund werden aber technische Lösungen für große Anlagen stehen. Hierzu gehören Erhöhung der Lebensdauer, Verbesserung der technischen Zuverlässigkeit und optimale Integration in das Stromnetz, da nit die Anlagenkosten gesenkt werden.

Alle unsere Bemühungen werden darauf gerichtet sein, den Windstrom wettbewerbsfähig und damit die Nutzung der Windenergie auch ohne staatliche Unterstützung noch attraktiver zu machen.

3. Forschungs- und Entwicklungsvorhaben im Bereich Geothermie

Die Erdwärme wird ebenfalls zu den regenerativen Energien gezählt, obwohl die Wärmeentnahme aus dem Untergrund oder aus einem heißen Aquifer lokal und zeitlich begrenzt ist. Sie hat gegenüber Sonne und Wind einen entscheidenden Vorteil: geothermische Energie steht 24 Stunden sowohl im Sommer als auch im Winter zur Verfügung. Beim Wind sind es in Deutschland an günstigen Standorten etwa 2200 h/a und bei der Sonne nur 1000 h/a.
Trotz dieses Vorteils führt die geothermische Energie ein Schattendasein in globalen Betrachtungen über unsere Energieversorgung. Das liegt einfach daran, daß sie zwar für den Wärmemarkt von lokaler Bedeutung ist. Aber für die Stromerzeugung spielt sie keine Rolle, weil bei uns hochwertige hydrothermale Lagerstätten, wie sie z.B. auf Island und in Japan bekannt sind, fehlen.

Die Hot Dry Rock-Technik zur energetischen Ausbeutung des mehr oder weniger trockenen, heißen Tiefengesteins ist noch nicht soweit entwickelt, daß die bei uns erst in großen Tiefen vorkommenden hohen Temperaturen ohne erhebliche technische

Schwierigkeiten genutzt werden könnten. Hierauf komme ich gleich noch zu sprechen.

Trotz dieser ungünstigen Ausgangslage für die Geothermie hat das BMFT seit 1974 für diesen Bereich rund 123 Mio DM aufgewendet.

Neben den Bemühungen, die geothermischen Energievorräte im Bundesgebiet zu erfassen, gab es drei vom BMFT mitgetragene Untersuchungen im süddeutschen Raum, mit dem Ziel natürliche Hydrothermalsysteme zu nutzen und zwar an den Standorten Saulgau im Molassebecken sowie Bühl und Bruchsal im Oberrheintalgraben.

Aus unterschiedlichen Gründen sind alle drei Projekte schließlich und endlich nicht zum Tragen gekommen. In Bühl war der Zulauf aus den Randstörungen des Oberrheintalgrabens zu gering, in Saulgau mißglückte die entscheidende Bohrung und in Bruchsal waren die geologischen und bohrtechnischen Arbeiten im Grunde erfolgreich aber schließlich fand sich kein Nutzer für die an die Oberfläche geförderten Wässer. Etwas günstiger stellen sich Projekte in Bayern dar, die keine Bundesmittel erhalten haben. Ich denke da an Bad Füssing und viele andere Bäder, die Thermalwasser für balneologische Zwecke oder auch mehrfach nutzen wie z.B. Erding, Straubing und andere. Obwohl das BMFT bei der Auswahl hydrothermaler Projekte keine besonders glückliche Hand hatte, haben wir jetzt einen neuen Anlauf genommen; denn die in der ehemaligen DDR installierten geothermischen Heizzentralen in Waren, und Neubrandenburg geben Anlaß zu neuer Hoffnung. Dort in der Norddeutschen Tiefebene bietet sich die Möglichkeit, durch Weiterentwicklung vorhandener Technologien, die heißen, hochmineralisierten Tiefenwässer zu nutzen. So fördert das BMFT gemeinsam mit dem Land Mecklenburg-Vorpommern die Errichtung einer weiteren geothermischen Heizzentrale in Neustadt-Glewe.

Aber nicht nur im Bereich der hydrothermalen Geothermie sondern auch in die Entwicklung der HDR-Technologie hat das BMFT erhebliche Mittel investiert.

Hinter der Abkürzung HDR verbirgt sich die englische Bezeichnung Hot Dry Rock = heißes, trockenes Gestein. Mit HDR-Technologie ist die Erzeugung von heißem Wasser im tiefen Untergrund durch ein künstlich hergestelltes Wärmeaustauschsystem gemeint. Die Temperatur in der Erdkruste nimmt im Mittel mit zunehmender Tiefe 30°C pro Kilometer zu. Das heißt, daß überall in Deutschland in Tiefen von rund 7 km Temperaturen von ca. 200°C herrschen. In solchen Tiefen ist das Gestein relativ dicht und muß für ein funktionierendes HDR-System wasserdurchlässig gemacht werden. Zu diesem Zweck werden zwei Bohrungen niedergebracht und Wasser unter hohem Druck eingepreßt. Dadurch werden im Gestein Rißflächen erzeugt, die die beiden Bohrungen verbinden. So entsteht ein "Durchlauferhitzer", in den über die eine Bohrung kaltes Wasser eingespeist und über die andere Bohrung heißes Wasser bzw. Dampf entnommen wird, der eine Turbine antreibt. Modellrechnungen haben ergeben, daß ein HDR-System eine thermische Leistung von 50-100 MW_{th} über einen Zeitraum von 20 Jahren liefern muß, um in den Bereich der Wirtschaftlichkeit zu kommen. Dazu ist es erforderlich, daß die Wärmeaustauschflächen eine Ausdehnung von 5-10 km^2 haben und daß die Zirkulationsrate 50-100 Liter pro Sekunde beträgt. Eine Reihe weiterer Faktoren bestimmen am Ende, wieviel ein Kraftwerk und sein Betrieb kosten wird. Teuer sind vor allem die Bohrungen. Deshalb hat das BMFT auch die Entwicklung einer HDR-Einbohrlochmethode am Standort Urach unterstützt. Es zeigt sich aber, daß neben einer zu kleinen Wärmeaustauschfläche auch eine Reihe weiterer Probleme einer technischen Realisierung entgegenstanden. Deshalb ist heute das klassische Modell mit zwei Bhrlöchern - oder mehr - wieder aktuell. Aber auch dieses birgt noch eine ganze Reihe bisher ungelöster Probleme auf, die ich hier nicht näher eingehe.

Gewiß, die Wissenschaftler, die sich in 20jähriger und längerer Forschungstätigkeit mit diesen Problemen herumgeschlagen haben, konnten viel lernen. Dennoch meine ich, daß man von der Lösung dieser essentiellen Probleme noch weit entfernt ist. Diese Aussage trifft grundsätzlich auch weltweit zu. So sind in den USA, in Europa und Japan zusammengenommen seit mehr als 20 Jahren über 250 Mio US $ für die Entwicklung der HDR-Technologie ausgegeben worden, ohne daß ein wirklich funktionierendes Pilotprojekt zustande gekommen ist.

Es gibt sogar Skeptiker, die die technische Machbarkeit einer Zirkulation in einem ausreichend großen Rißsystem gänzlich in Zweifel ziehen.

Dennoch will ich die HDR-Idee nicht in Grund und Boden verdammen. Denn ohne Ideen sind Forschung und Entwicklung zum Stillstand verurteilt. Vielleicht gelingt es doch ein adäquates Rißsystem im Untergrund aufzureißen. Das sollte aber meiner Meinung nach dort versucht werden, wo bereits in geringer Tiefe hohe Temperaturen vorhanden sind, um das Bohrrisiko und die Kosten gering zu halten. Ich denke da an eine Reihe von Ländern auf dieser Welt, in denen die geothermischen Bedingungen günstiger als bei uns in Mitteleuropa sind, so z.B. in Japan, Indonesien und auf den Philippinen.

Um unsere bisherigen Kenntnisse und unser Wissen für eine internationale Zusammenarbeit und für den know how-Transfer zu erhalten, werden wir uns im Rahmen unserer Möglichkeiten an einem europäischen, wissenschaftlich orientierten HDR-Programm beteiligen, das am Standort Soultz-sous-Forets im Rheintalgraben durchgeführt wird.

Vielleicht gelingt es uns doch eines Tages, die scheinbar unerschöpflichen Wärmemengen im Innern unserer Erde einer wirtschaftlichen Nutzung zuzuführen.

Kombination von Wind-, Solar- und Biogasanlage zur Energieversorgung der Kläranlagen Burg auf der Ostseeinsel Fehmarn/Schleswig-Holstein und Körkwitz/Mecklenburg-Vorpommern

Dipl. Ing. Rüdiger Asche, Dipl. Kfm. Horst Driesen

1. Hybridanlage Fehmarn

1.1 Das Energiekonzept

Einige generelle Aspekte, die im Zusammenspiel zwischen Charakteristika der Energiequellen und dem für die Applikation spezifischen Lastverhalten zu beachten sind, sollen nachfolgend am Beispiel der hybriden Energieversorgung für das Klärwerk Burg/ Fehmarn und der unter Punkt 2. aufgeführten Anlage Körkwitz/Ribnitz Damgarten betrachtet werden.

Die Stadt Burg auf Fehmarn betreibt eine Kläranlage, in der sämtliche Abwässer der Stadt Burg sowie des Ferienzentrums Burg-Tiefe verarbeitet werden. Durch die starke Zunahme der Touristik reichte die Klärwerkskapazität nicht mehr aus. Im Rahmen der notwendigen Erweiterung und Modernisierung des Klärwerks (Einbau zusätzlicher Phosphatfällungs- und Denitrifikationsstufen) mußte auch das Energieversorgungskonzept überdacht werden.

Aufgrund der hervorragenden klimatischen Bedingungen sowohl für Wind- als auch für Solarenergie, dem für die Applikation typischen Spitzenbedarf im Sommer und dem Anfall von Biogas sollte im Rahmen eines Pilotprojektes eine hybride Energieversorgung entwickelt und erprobt werden, bei dem die erzeugte regenerative Energie weitgehend direkt, ohne Umweg über das öffentliche Netz, im Klärwerk genutzt werden sollte.

Zudem sollte möglichst viel Überschußenergie in das öffentliche Netz eingespeist werden; Leistungsbedarfsspitzen, die mit hohen Verbrauchskosten verbunden sind, sollten vermieden werden.

Das anfallende Faulgas (65% Methan), das vorher nur zur Beheizung des Faulturms genutzt wurde und dessen Überschuß abgefackelt werden mußte, kann in einem Blockheizkraftwerk sowohl zur thermischen als auch zur elektrischen Enrgiegewinnung genutzt werden.

Es bildet zudem den einzigen regenerativen Energiepuffer. Für das Klärwerk ergab sich damit das Hybridsystem **SOLAR-WIND-BIO-GAS**, ergänzt durch das öffentliche Netz der Schleswag, das den Betrieb des Klärwerks bei Energiemangel garantiert und andererseits die Überschußenergie aufnimmt.

Bild 1 zeigt ein Foto der Gesamtansicht des Klärwerks mit Solargenerator und Windenergiekonverter.

Im Bild 2 ist das Fließschema der Anlage dargestellt.

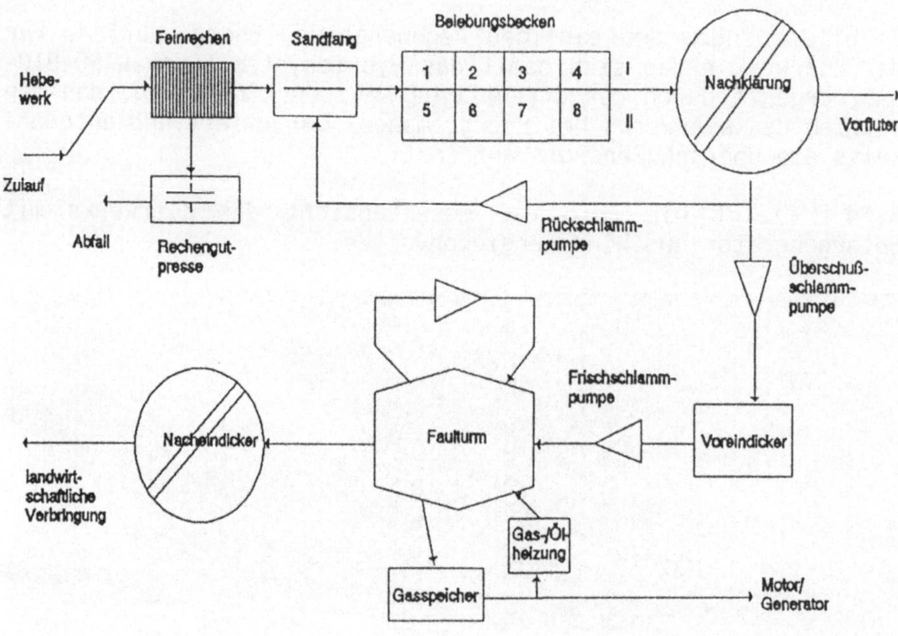

Fließschema des Klärwerks

Zusammengefaßt die wichtigsten Gründe für die Wahl der Kombination Solar-Wind-Biogas:

- Gute Anpassung zwischen der photovoltaischen Energieerzeugung und dem Verbrauch durch Spitzenbedarf im Sommer (Verbrauch Sommer/Winter ca. 2,5:1).

- Guter Standort für Sonne-Wind-Hybridsystem (mittlere Windgeschwindigkeit am Standort ca. 6 m/s; mittlere Globalstrahlung 115 W/m^2, 1830 Sonnenstunden pro Jahr).

- Abdeckung eines Teils der Grundlast ohne Netz durch Faulgas betriebenen Methan-Gasmotor mit kleinem Gasspeicher von 300 m^3.

- Im gewissen Umfang gestattet der Klärwerksbetrieb aufgrund interner Trägheiten und Speicher die Anpassung der Last an das regenerative Energieangebot.

Das Energiekonzept ist schematisch im Bild 3 dargestellt.

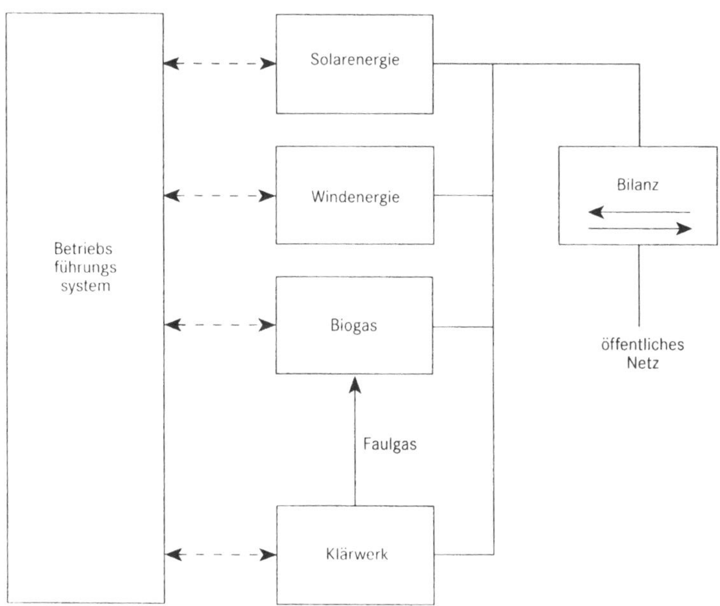

Ziel dieses Pilotvorhabens ist es, die Einzelkomponenten so an das Systemkonzept anzupassen, daß ein flexibles Gesamtsystem mit hoher Zuverlässigkeit und Verfügbarkeit entsteht.

Das System sollte in gleicher oder ähnlicher Form übertragbar sein für ähnliche Anwendungsfälle. Kernpunkt ist daher neben den Einzelkomponenten ein leistungsfähiges Betriebsführungssystem.

Um dieses zu bewerkstelligen, wurde im Rahmen eines wissenschaftlichen Vor- und Begleitprogramms zusammen mit der Universität Oldenburg ein Meßprogramm zur Gewinnung relevanter Daten durchgeführt. Von der Arbeitsgruppe "Physik der regenerativen Energiequellen" wurde ein Simulationsprogramm mit einem Modell des Gesamtsystems erstellt. Schwerpunkte diese Programms waren:

- Konzepte zur Systemauslegung erarbeiten.

- Auswertung der aufgezeichneten Meßwerte.

- Modelluntersuchungen zu Energieflußmanagementverfahren.

Die Anlage wurde damals noch unter Federführung von der AEG/TELEFUNKEN SYSTEMTECHNIK GMBH/ heute DASA geplant, aufgebaut und Anfang 1989 in Betrieb genommen. Das Gesamtvolumen betrug 7'Mio DM.

1.2 Anlagenbeschreibung und Systemkomponenten

Das Blockschaltbild des elektrischen Teils des Klärwerks zeigt Bild 4. Die wesentlichen Anlagenkomponenten sind:

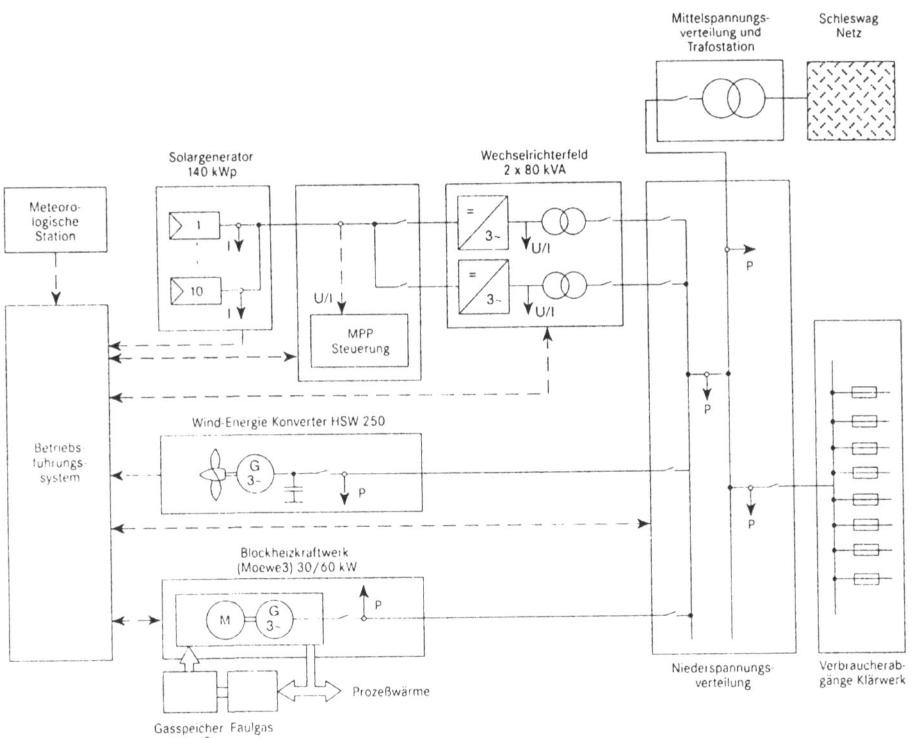

- Solargenerator mit zwei parallelen, netzgeführten Wechselrichtern mit Maximum-Power-Point-Tracker (MPPT).

- Windenergiekonverter (WEK).

- Blockheizkraftwerk (BHKW) mit Anschluß an Gasspeicher und Faulgasturm.

- Meteorologische Station.

- Betriebsführungssystem mit Datenerfassung, Archivierung, Darstellung und Steuerung der Systemkomponenten und Verbraucher.

1.3 Photovoltaikfeld

Der Photovoltaikgenerator hat eine Leistung von 140 kWp; er besteht aus 3840 Modulen, die mechanisch in 11 Reihen aufgestellt sind, wobei der Abstand 7 m beträgt, um Abschattungen zu verhindern.

Technische Daten Solargenerator:

Solargnerator-Modultyp	:	PQ 10/40 multikristallin
Gestelltyp	:	GM2.8, 240 Stück feuerverzinkt
Anstellwinkel	:	45°
Anzahl Module in Reihe (String)	:	24
Anzahl Stings parallel	:	160
Anzahl der Gruppen	:	40
Anzahl der Hauptgruppen	:	10
Leerlaufspannung	:	540 V DC
Nenngleichspannung	:	410 V DC
Nennstrom bei AM 1.5	:	370 A

1.4 Wechselrichter

Die Umwandlung von Gleichstrom in Drehstrom 380V, 50Hz, erfolgt über zwei 80 KVA GTO-Wechselrichter. Da die Leitung des Solargenerators von der Einstrahlung abhängig ist, die Wechselrichter relativ konstante Leerlaufverluste haben, d.h. im Teillastbetrieb mit verringertem Wirkungsgrad arbeiten, wird durch automatisches Zu- und Abschalten der Wechselrichter dafür gesorgt, daß diese im Bereich Vollast mit optimalen Wirkungsgrad betrieben werden.

Durch die MPPT-Einrichtung am Eingang der Wechselrichter wird die Spannungslage so eingestellt, daß der Solargenerator im Punkt maximaler Leistung betrieben wird.

1.5 Windenergiekonverter

Zum Einsatz kam eine Windanlage der Husumer Schiffswerft, Typ HSW 250.

Die wichtigsten Funktionen der Steuerung sind:

- Standby-Betrieb bei Windgeschwindigkeiten < 4m/s mit automatischer Nachführung der Gondel

- Automatisches Einleiten des Low-Power-Betriebes bis 80 KW bei Windgeschwindigkeiten < 4m/s

- Automatisches Zurückschalten in den Low-Power-Betrieb bzw. in den Standby-Betrieb bei Abfall der Windgeschwindigkeit

- Überwachung der wichtigsten Betriebsparameter (Temperaturen Generator und Getriebe, Hydraulikdruck, Bremse, etc.). Systematisches Abschalten der Anlage im Störfall

Bild: 5 Windenergiekonverter HSW 250

Technische Daten Windenergiekonverter:

- Turm
  Rohrturm; Höhe : 27,3 m

- Flügel : GFK

- Rotor
  Durchmesser : 25 m
  Kreisfläche : 490 m^2
  Blattzahl : 3

- Generator
  Typ : AEG AMV
  Bauart : asynchron, pol-umschaltbar
  Nennleistung : 250 KW
  Drehzahlen : 1.000/1.500
  Nennspannung : 380/220V
  Frequenz : 50 Hz

- Steuerung
  Typ : TELEFUNKEN SYSTEMTECHNIK

- Sturmabschaltung bei Windgeschwindigkeiten > 23 m/s

- On-line Anzeige aller Betriebsparameter und Archivierung im History-Speicher zur Fehleranalyse

1.6 Blockheizkraftwerk

Als BHKW wird ein System MOEWE (Modulares Energieversorgungssystem für Wärme und Elektrizität), Typ WE3, von MERCEDES-BENZ mit einer Leistung von 30 KW elektrisch und 60 KW thermisch verwendet. Dieses System besteht aus einem modifizierten Industrie-Verbrennungsmotor, der mit einem Synchrongenerator zur Erzeugung der elektrischen Energie gekoppelt ist, wobei gleichzeitig die Abwärme aus Kühlwasser, Abgas und Öl ausgenutzt wird. Diese kann über einen Wasser-Wasser-Wärmetauscher abgeführt und für den Faulungsprozeß im Faulturm genutzt werden.

Ein Faulgasspeicher dient als Kurzzeitpuffer. Dieses Gas stellt damit die einzige speicherbare Energie im System dar; durch Zu- und Abschalten des BHKW besteht damit im gewissen Umfang die Möglichkeit, Energielöcher der beiden anderen regenerativen Energiewandler auszugleichen.

Die Ausführung des BHKW zeigt Bild 6.

Technische Daten des Blockheizkraftwerkes:

- Motor : Mercedes-Benz Typ M102
- Generator : B 182, synchron
- Nennleistung : 45 KVA
- Drehzahl : 3.000 min^{-1}
- Netzspannung : 400V / 231V
- Frequenz : 50 Hz

mit Statikwandler und cos phi Regler

1.7 Betriebsführungssystem

Durch das Betriebsführungssystem wird aus den Einzelkomponenten ein System. Die hierin implementierte Software, d.h. Schaltkriterien sowie Steuer- und Regelalgorithmen, spielen damit eine entscheidende Rolle hinsichtlich Zuverlässigkeit und Wirkungsgradoptimierung.

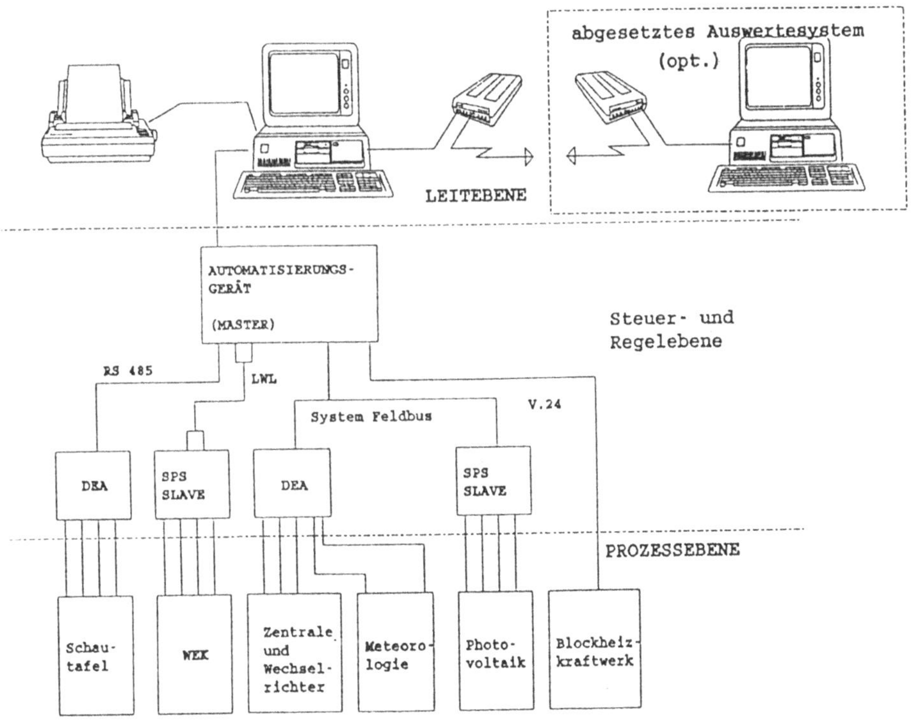

Das System ist, wie im Bild 7 gezeigt, hierarchisch in drei Ebenen aufgebaut:

- Leitebene:
  Prozeßbedienung, -überwachung, - darstellung sowie Protokollierung und Archivierung

- Übergeordnete Automatisierungsebene:
  Datenerfassung im Solarfeld und in der Niederspannungsverteilung sowie zur Ankopplung der lokalen Subsysteme

Die wichtigsten Funktionen der Leitebene sind:

- Monitoring (Erfassung und Anzeige von Momentanwerten).
  Hierzu gehören:

  Leistungswerte
  Energiewerte
  Solargeneratordaten
  Wechselrichterdaten
  Blockheizkraftwerk
  Meteorologische Daten

<u>Technische Daten des Betriebsführungssystems:</u>

Hardware

PC Leitebene	:	80286 mit 2,5 MB Hauptspeicher, Platte, 20" Farbmonitor, Protokolldrucker, Modem, SEAB1N, Schnittstelle zur A500
Übergeordnete Automatisierungsebene	:	AEG MODICON A500

Software

Betriebssystem PC	:	QNX
Basissoftware Leitebene	:	Z300 (Leittechnik)
Automatisierungsgeräte	:	DOLOG AKF

2. Hybridanlage Körkwitz

2.1 Der Standort

Die Übertragung der Erfahrungen aus dem Pilotprojekt Fehmarn bot sich in Mecklenburg-Vorpommern mit der Kläranlage Körkwitz an der Ostseeküste bei Riebnitz-Damgarten an.
Ein zu Fehmarn analoges Energiekonzept wurde zusammen mit IBS, Ingenieurbüro für Bauplanung, Schönefeld, erarbeitet und umgesetzt.

Mit der Ausweitung und Modernisierung der mechanisch biologischen Kläranlage in Körkwitz wird der Umweltbelastung im Bereich der Boddengewässer in erheblichem Maße entgegengewirkt. Durch den Ausbau der Kanalisation und dem weiteren Anschluß von anliegenden Gemeinden wird eine stetige Modernisierung der Anlagen angestrebt, um damit dem wachsenden Umweltbewußtsein und den staatlichen Auflagen zu entsprechen.

Die Standortverhältnisse in Bezug auf die regenerativen Energiequellen Sonne und Wind sind ähnlich günstig wie auf Fehmarn.

Die kombinierte Nutzung von Solargenerator, Windkraftanlage und Biogasgenerator ergeben eine weitgehend selbständige Abdekkung des ermittelten Energiebedarfs und ermöglichen eine Versorgungsautarkie von ca. 80 Prozent.

Bild 8 zeigt die Gesamtanlage, Bild 9 das Blockschaltbild

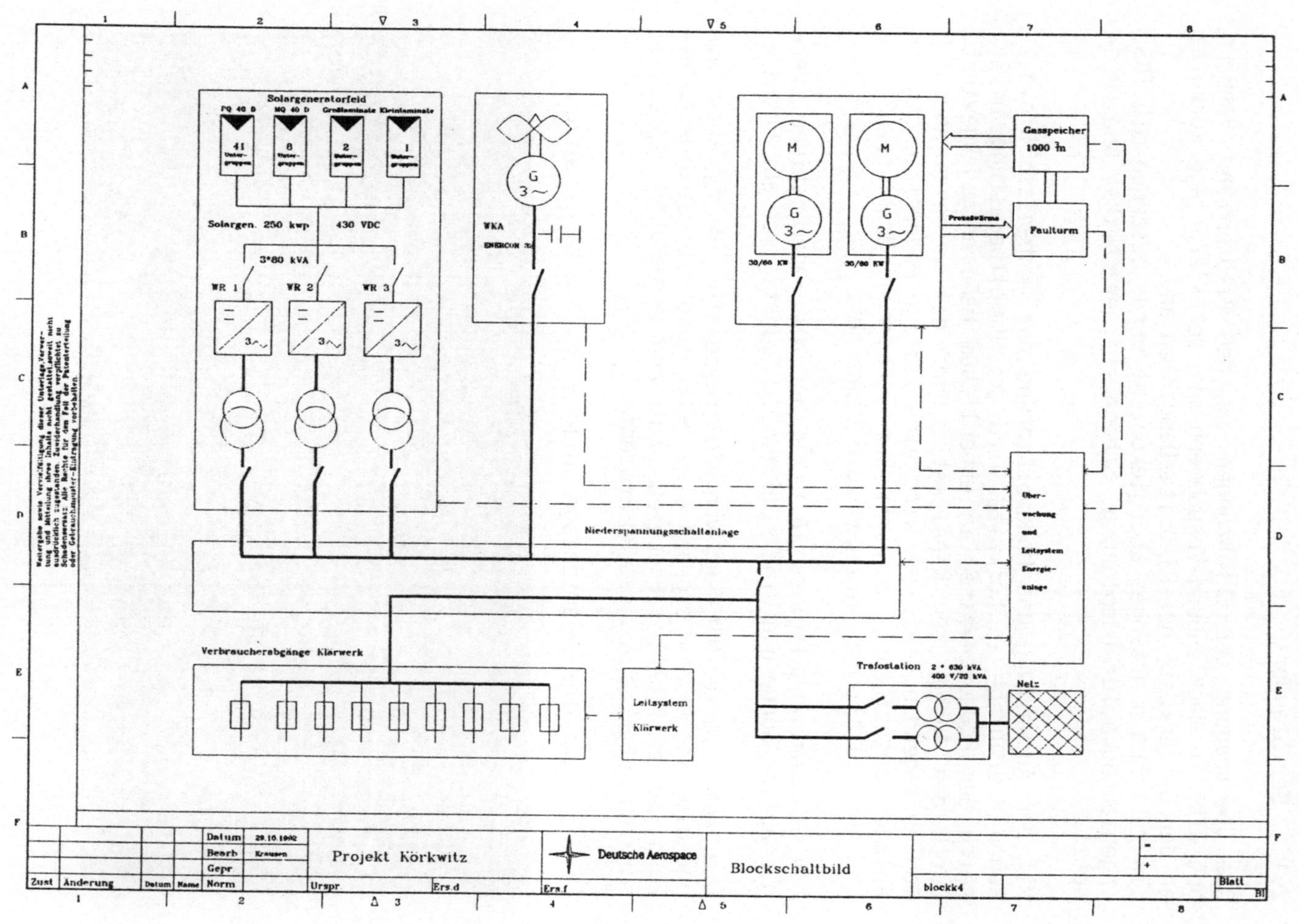
Solargeneratorfeld
FQ 40 D
MQ 40 D
Großlaminate
Kleinlaminate
41
8
2
1
Solargen. 250 kwp
430 VDC
3*80 kVA
WR 1
WR 2
WR 3
WKA
G 3~
M
30/60 KW
Gasspeicher 1000 m³
Faulturm
Prozeßwärme
Niederspannungsschaltanlage
Überwachung und Leitsystem Energieanlage
Verbraucherabgänge Klärwerk
Leitsystem Klärwerk
Trafostation 2 * 630 kVA 400 V/20 kVA
Netz
Datum 29.10.1992
Bearb
Gepr
Norm
Zust
Änderung
Datum
Name
Projekt Körkwitz
Urspr
Ers.d
Ers.f
Deutsche Aerospace
Blockschaltbild
blockk4
Blatt

2.2 Technische Daten

Solargeneratoranlage:

Modultyp:	PQ 10/40 HRD 50	3936 Stck.
	MQ 10/40 HRD 58	768 Stck.
	PQL 10/40 D 50	96 Stck.
	PQL 120 S 60 PZD 3	64 Stck.
Hersteller:	Deutsche Aerospace AG	
Anstellwinkel:	30 °	
Anzahl der Module in Reihe zu einem String:	24	
Anzahl Strings parallel:	208	

Gesamtanlage:

Nenngleichspannung:	430 VDC
Nennstrom bei AM 1.5:	600 A
Nennleistung:	250 kWp
Wechselrichter:	GTO Typ, 3 x 80 kVA
Wechselrichterausgangsspannung:	400 V, 50 Hz
Wechselrichter-Wirkungsgrad bie Vollast:	96 %

Windgeneratoranlage

Typ:	ENERCON 33
Hersteller:	Fa. ENERCON
Nabenhöhe:	34 m
Rotordurchmesser:	33 m
Blattzahl:	3
Nennleistung:	300 kW
Nennspannung:	400 V/50 Hz

Blockheizkraftwerk

Typ:	TBD	
Hersteller:	TBD	
Nennleistung:	30 - 60 kW	60 - 120 kW
Nennspannung:	400 V, 50 Hz	

Die Wind- und Solaranlage ist seit September'93 im Betrieb. Die Biogasanlage soll 1994 errichtet werden.

Weitere Informationen erhalten Sie bei: Deutsche Aerospace AG
Fachgebiet Solartechnik
22876 Wedel

Untersuchungen zur Windenergienutzung in Sachsen

W. Hirsch, R. Lischke, J. Matthäi*, U. Rindelhardt

Forschungszentrum Rossendorf e.V.
Institut für Sicherheitsforschung
Postfach 510119
01314 Dresden

***Arbeitsbeschaffungsverein Rossendorf**

1. Einleitung

Die Windenergie gehört - ebenso wie die Wasserkraft - zu den von den Menschen seit langem genutzten regenerativen Energiequellen. Bis Ende des vergangenen Jahrhunderts konnten beide Energieformen in Wind- und Wassermühlen lediglich in mechanische Energie umgewandelt werden. Danach setzte mit der Entwicklung der Elektrotechnik auch die Erzeugung von Elektroenergie ein; entsprechend dem industriellen Entwicklungsstand spielten bis etwa 1920 dabei sächsische Entwickler und Unternehmer eine führende Rolle [1].

Die damaligen Windkraftanlagen (WKA) verwendeten Vielblattrotoren und arbeiteten mit Gleichstromgeneratoren einer Leistung von wenigen 10 PS. Mit der Entwicklung von Kohlekraftwerken und dem Ausbau der elektrischen Netze verloren die WKA ihre Bedeutung.

Eine deutliche Hinwendung zur Nutzung der Windenergie erfolgte erst ab etwa 1980 im Ergebnis der Energiekrisen. Die wesentlich von Dänemark ausgehende Entwicklung konnte zwischenzeitlich im Flugzeugbau gewonnene aerodynamische Erkenntnisse zur Gestaltung der Rotorblätter nutzen, ebenso lagen ausgereifte technische Lösungen für Generatoren vor. Insbesondere in den letzten fünf Jahren vollzog sich parallel zum verstärkten Einsatz von WKA eine schnelle technische Weiterentwicklung.

Nach jüngsten Angaben [2] sind derzeit in den Ländern der EG WKA mit einer Gesamtleistung von 1300 MW installiert, davon in Deutschland etwa 230 MW. Allein im windreichen Küstenland Schleswig-Holstein sind 113 MW installiert, die bereits 2,5 % des Stromverbrauches dieses Bundeslandes decken. Das erklärte Ziel der dortigen Landesregierung besteht darin, diesen Anteil bis zum Jahr 2010 durch Installation von ca. 1200 MW Gesamtleistung auf 20 % zu steigern. Da nach Angaben des zuständigen regionalen Energieversorgers bereits heute Planungen für Anlagen mit einer Leistung von über 800 MW vorliegen [2], erscheint dieses Ziel durchaus real. Ähnlich hohe Anteile der Windenergie am regionalen Stromverbrauch können sicher auch in den anderen deutschen Küstenländern erwartet werden.

Die quantitative Bewertung und wirtschaftliche Erschließung des Windenergiepotentials in den übrigen Bundesländern bedarf differenzierter Untersuchungen, wobei grundsätzlich in Mittelgebirgslagen wie etwa dem sächsischen Erzgebirge mit einem erheblichen nutzbaren Potential gerechnet werden kann [3]. Dazu ist in der Regel die Durchführung von speziellen Meßreihen, deren Korrelation mit langjährigen Messungen des Wetterdienstes sowie eine auf bestimmten Modellen beruhende Extrapolation der Meßergebnisse auf alle in Frage kommenden Gebiete erforderlich. In einem vom Staatsministerium für Umwelt und Landesentwicklung geförderten Programm [3] werden diese Aufgaben seit 1991 auch im Freistaat Sachsen schrittweise bearbeitet. Auf einige der dabei auftretenden Probleme wird im folgenden eingegangen. Zuvor werden der aktuelle technische Entwicklungsstand der WKA und die derzeitigen wirtschaftlichen Rahmenbedingungen der Windenergienutzung kurz umrissen.

2. Technischer Entwicklungsstand der WKA und wirtschaftliche Rahmenbedingungen

Die technische Entwicklung der WKA vollzog sich in den letzten zehn Jahren in einem raschen Tempo. Von Anfang an kamen Schnelläufer mit zwei bis drei aerodynamisch gestalteten Rotorblättern zum Einsatz. Entsprechend dem dänischen Konzept waren die Anlagen zunächst ausschließlich "stallgeregelt", d. h., die Rotorblätter besaßen einen festen Anstellwinkel. Neuerdings werden zunehmend "pitchgeregelte" Anlagen eingesetzt, bei denen die Leistungsabregelung bei zu starkem Wind durch Verändern des Blattanstellwinkels geschieht. Dem Rotor folgt das Getriebe zur Drehzahlerhöhung und ein - häufig polumschaltbarer - Generator. Durch die Polumschaltbarkeit wird eine bessere Ausnutzung der Windenergie erzielt. Die höchsten Wirkungsgrade der mechanisch-elektrischen Energiewandlung erreichen drehzahlvariable Anlagen mit Synchronmaschinen, die allerdings eine nachgeschaltete Gleich- und Wechselrichtung der erzeugten Energie erfordern.

Einen bemerkenswerten technologischen Schritt weist die jüngst eingeführte Anlage E40 der Firma Enercon auf, bei der das Getriebe vollständig eingespart wird und der Generator direkt auf der Nabenachse sitzt. Infolge der geringen Drehzahl mußte der Durchmesser des Generators allerdings auf mehrere Meter angehoben werden.

Neben vielen technischen Detailverbesserungen war in den letzten Jahren insbesondere die Leistungsentwicklung der WKA auffällig. Betrug etwa 1983 die Nennleistung kommerzieller Anlagen etwa 30 - 50 kW, so bieten gegenwärtig mehrere Hersteller Anlagen mit 500 kW Nennleistung (und darüber) an. Verbunden war dies mit einer Vergrößerung der Turmhöhe von 20 m auf 40 m und des Rotordurchmessers von 15 m auf 40 m.

Bei der Entwicklung der Anlagentechnik ist insgesamt bemerkenswert, daß die vorwiegend von mittelständischen Betrieben Schritt für Schritt realisierte Vergrößerung der Anlagen letztlich wesentlich erfolgreicher war als die Entwicklung von Großanlagen (Klasse 1 MW und größer) durch teilweise renommierte Unternehmen (Beispiel: GROWIAN [4]).

Die Ergebnisse einer unlängst veröffentlichten Studie [5] zeigen die mit dem technischen Fortschritt verbundene Kostenentwicklung. Danach scheinen spezifische Preise für große Anlagen ab Werk unter 2000 DM/kW möglich, die - im übrigen stark schwankenden - Nebenkosten belaufen sich auf etwa 600 DM/kW und werden etwa zu gleichen Teilen von den Fundamentkosten und den Netzanschlußkosten verursacht. Nach der gleichen Quelle können die jährlichen Betriebskosten etwa mit 40 DM/kW angesetzt werden.

Die wirtschaftlichen Rahmenbedingungen für die Nutzung der Windenergie in Deutschland werden durch das seit 1989 laufende 250-MW-Windenergieprogramm und das Stromeinspeisungsgesetz (seit 1.1.1991) bestimmt.

Nach dem 250-MW-Programm kann zwischen zwei Formen der Zuwendung gewählt werden. Entweder kann für jede in das öffentliche Netz eingespeiste kWh ein Betriebskostenzuschuß von 6 Pf (bzw. 8 Pf pro selbst genutzte kWh) beansprucht werden. Dieser Zuschuß wird für maximal zehn Jahre gewährt (bzw. solange die Summe aller Einnahmen nicht den doppelten Anlagenpreis erreicht). In einigen Bundesländern kann der Betreiber bei Wahl des Betriebskostenzuschusses zusätzlich einen Investitionskostenzuschuß aus Länderprogrammen in Anspruch nehmen. Im anderen Fall wird ein einmaliger Investitionskostenzuschuß von max. 60 % des Rechnungsbetrages und max. 90.000 DM in Abhängigkeit von gewissen Anlagenparametern gewährt. Das 250-MW-Windenergieprogramm ist bereits (gegenwärtig) weit überzeichnet, die letzten Förderungen sollen allerdings erst 1996/97 ausgesprochen werden.

Als wesentlicher Anschub für die Windenergienutzung hat sich das Stromeinspeisungsgesetz erwiesen. Danach sind die EVU verpflichtet, jede aus Windenergie erzeugte kWh Elektroenergie zu einem Preis von 16,5 Pf (entspricht 90 % des durchschnittlichen Arbeitspreises) abzunehmen.

Mit diesen Angaben zu den wirtschaftlichen Rahmenbedingungen und den Investitions- und Betriebskosten reduziert sich die Frage der Wirtschaftlichkeit einer Windkraftanlage auf die jährlich am konkreten Standort erzeugbare Energie pro kW installierter Leistung bzw. die Vollaststundenzahl.

In Bild 1 ist unter der Annahme einer realistischen zehnjährigen Betriebszeit einer WKA der resultierende Strompreis je kWh in Abhängigkeit von der Vollaststundenzahl angegeben. Die Rechnung basiert auf den genannten Zahlen und einem Kreditzinssatz von 7 %. Danach erreichen Anlagen bei einer jährlichen Vollaststundenzahl von 2500 Stunden bereits mit dem Erlös nach dem Stromeinspeisungsgesetz die Grenze der Wirtschaftlichkeit; bei zusätzlicher Förderung nach dem 250-MW-Windprogramm kann die Wirtschaftlichkeit bereits bei 2000 Vollaststunden gegeben sein. Diese Angaben verdeutlichen die Notwendigkeit der zuverlässigen Bestimmung der Windverhältnisse an einem potentiellen Standort, um den wirtschaftlichen Betrieb einer WKA zu gewährleisten.

3. Bestimmung des nutzbaren Windenergiepotentials

Im Jahre 1991 wurde durch das Sächsische Staatsministerium für Umwelt und Landesentwicklung zur Förderung der Windenergienutzung ein Sächsisches Windmeßprogramm in Auftrag gegeben. Im Rahmen dieses Programms errichtete das Ingenieurbüro Kuntzsch & Dr. Daniels GbR Windmeßstationen an 16 verschiedenen Stellen im Freistaat Sachsen. An der Auswertung der anfallenden Meßdaten ist das Forschungszentrum Rossendorf (FZR) beteiligt; der Abschlußbericht über die Ergebnisse des Windmeßprogramms wird im 1. Quartal 1994 vorliegen. Einen Schwerpunkt der Untersuchungen im FZR bildete die Frage der Anwendbarkeit des dänischen Windatlasprogramms WASP [6] zur Extrapolation der an den 16 Standorten gemessenen Windenergiepotentiale auf benachbarte Standorte bzw. Gebiete in Sachsen.

3.1. Die dänische Windatlasmethode WASP

Bekanntlich wird der Wind durch das Geländerelief (Orographie) sowie durch Oberflächenformen (Rauhigkeit) und Hindernisse in seiner Strömung beeinflußt.

Die Orographie drückt die Veränderung in der Geländehöhe aus. Das Geländeprofil kann den Wind beschleunigen oder abbremsen. In der Nähe des Gipfels eines Berges wird die Windgeschwindigkeit erhöht, am Fuße dagegen verringert. Für WASP wird das Höhenprofil eines zu untersuchenden Gebietes in Form einer Höhenliniendatei bereitgestellt. Generell ist zu sagen, daß WASP derzeit häufig und mit guten Ergebnissen in relativ flachen Küstengebieten angewandt wird (wofür es auch ursprünglich entwickelt wurde); beim Übergang zu ausgeprägten Mittelgebirgsstrukturen ist grundsätzlich mit Problemen bei der Anwendung von

WASP zu rechnen. Bei einer Übertragung auf die Orographie Sachsens können deshalb in den ebeneren nördlichen Bereichen (etwa Regierungsbezirk Leipzig und Nordteil des Regierungsbezirkes Dresden) brauchbare Ergebnisse erwartet werden, während die Grenzen der Anwendbarkeit in den Mittelgebirgsregionen zu ermitteln sind.

Die Geländerauhigkeit beeinflußt den Wind in einem Umkreis von mindestens 5 km um einen zu beurteilenden Standort, indem die Windgeschwindigkeit in der Nähe der Erdoberfläche reduziert wird. Bodenoberflächen aus Wasser, Sand oder glatter Erde, Vegetation wie Gras, Getreide, Gebüsch, einzelne Bäume oder Wald und eine Bebauung in offener oder geschlossener Form weisen jeweils unterschiedliche Rauhigkeiten auf. Die Gesamtrauhigkeit eines zusammenhängenden Gebietes ergibt sich aus der flächenmäßigen Verteilung der Rauhigkeitselemente innerhalb des betrachteten Bereiches. Dem Programm WASP kann die Geländerauhigkeit in Form von Rauhigkeitskarten mitgeteilt werden, in denen die Grenzlinien zwischen Flächen verschiedener Rauhigkeit eingezeichnet sind. Es wird häufig eine Einteilung in vier Rauhigkeitsklassen vorgenommen:

Klasse 0: ruhige Wasseroberfläche,
Klasse 1: offenes, glattes Gelände,
Klasse 2: landwirtschaftliche Nutzfläche mit wenigen Windhindernissen,
Klasse 3: bebautes Gebiet, Wald.

Hindernisse wie Gebäude, Bäume oder andere windbrechende Objekte schirmen den Wind in einem Nahbereich bis ca. 500 m um einen Standort ab und führen zu einer Verringerung der Windgeschwindigkeit. Entscheidend sind ihre Ausdehnung nach Höhe, Breite und Tiefe, ihre Entfernung zum Standort und ihre Porosität als ein Maß für ihre Winddurchlässigkeit (0 für Gebäude, 0,3 für dichte Nadelbäume, 0,5 bis 0,7 für Laubbäume). Befinden sich Hindernisse außerhalb des oben genannten Bereiches, sind sie als Rauhigkeitselemente zu bewerten.

Im Programm WASP berücksichtigen mehrere numerische Modelle die Beeinflussung des Windes in den bodennahen Luftschichten. WASP besteht aus vier Hauptteilen:

Analyse der Zeitreihen von Windgeschwindigkeit und Windrichtung einer Windmeßstation (Approximation der Häufigkeitsverteilung durch eine Weibull-Kurve).

Bildung eines Datensatzes (allgemeines Windklima um eine Meßstation), der von den lokalen Umgebungseinflüssen (Orographie, Rauhigkeit, Hindernisse im Nahbereich) "gereinigt" ist und demzufolge für eine mehr oder weniger große Fläche (Repräsentanzgebiet) Gültigkeit hat.

Windklimabestimmung an einem bestimmten ausgewählten Punkt, indem die dortigen Umgebungseinflüsse bei der Rechnung berücksichtigt werden.

Ermittlung der Leistungsdichte des Windes sowie der mittleren jährlichen Energieproduktion einer bestimmten Windkraftanlage.

Das Windatlasprogramm WASP bietet außer der oben genannten Möglichkeit der punktweisen Ermittlung des Windklimas um einen Standort die automatische Berechnung sehr vieler Punkte (Gitternetz). Allerdings bleiben hierbei Hinderniseffekte unberücksichtigt. In einer Datei, die bei dieser Rechnung gebildet wird, ist u.a. die zu den Koordinaten und einer frei wählbaren Anlagenhöhe gehörende Leistungsdichte des Windes enthalten, die beispielsweise über ein Rechenprogramm in Form von Isolinien graphisch dargestellt werden kann. Damit lassen sich innerhalb größerer Bereiche Gebiete mit hohem Windenergiepotential ausweisen. Zu beachten ist allerdings, daß sich das Territorium innerhalb des gleichen Repräsentanzgebietes befindet, also innerhalb eines Gebietes mit gleichem regionalen Windklima. Entfernungen spielen hierbei nicht die ausschlaggebende Rolle.

3.2. Untersuchungen zu Repräsentanzgebieten von Windmeßstationen im Erzgebirge und in der Oberlausitz

Die Orte Satzung und Jöhstadt befinden sich im Erzgebirge nahe des Kammes und der tschechischen Grenze oberhalb der Städte Marienberg und Annaberg-Buchholz. In der Nähe beider Orte wurden Windmeßstationen des Sächsischen Windmeßprogramms errichtet. Während sich die Station Satzung auf dem nahe des Ortes gelegenen 885 m hohen Hirtstein (flache Basaltkuppe) befindet, liegt die Station Jöhstadt etwa 500 m westlich der Stadt auf einem weitgehend ebenen und freien Feld in 811 m Höhe. Der Abstand beider Windmeßstationen beträgt etwa 8 km. Für die folgenden Betrachtungen wurden jeweils zeitgleiche Datensätze herangezogen, die in 30 m Höhe im Zeitraum von Feb. 92 bis Okt. 92 gemessen wurden. Die Datensätze repräsentieren 10-min-Mittelwerte der Geschwindigkeit und Richtung des Windes. Bild 2 zeigt die aus den Windmeßdaten ermittelte Häufigkeitsverteilung der Windrichtung von Satzung, Bild 3 diejenige von Jöhstadt. Die Hauptwindrichtung an beiden Meßstellen liegt im 300°-Sektor. Auffällig ist allerdings auch die starke Bevorzugung von jeweils gegenüberliegenden Sektoren; bei Satzung der Sektoren 300° und 120°, bei Jöhstadt 330° und 150°. Dieser Sachverhalt deutet nach [7] auf eine Kanalisierung des Windes hin. Aus den Windmeßdaten läßt sich weiterhin eine mittlere Geschwindigkeit des Windes über den Meßzeitraum berechnen. Sie beträgt für Satzung 6,9 m/s und für Jöhstadt 5,8 m/s. Diese mittlere Windgeschwindigkeit hat allerdings wegen der zufälligen regellosen Schwankungen der Momentangeschwindigkeit für eine

Ertragsprognose nur orientierenden Charakter. Hierfür ist die Leistung des Windes entscheidend, die der dritten Potenz der momentanen Windgeschwindigkeit proportional ist. Deshalb wird aus den Zeitreihen noch die mittlere Leistungsdichte des Windes, z.B. in W/m^2 Rotorfläche, berechnet. Es ergeben sich für Satzung 354 W/m^2 und für Jöhstadt 220 W/m^2.

Um die Leistungsfähigkeit von WASP zu testen, wurden mit dem Datensatz von Jöhstadt die Windverhältnisse von Satzung und mit dem Datensatz von Satzung die Windverhältnisse an der Windmeßstation Jöhstadt berechnet. Bei fehlerfreier Eingabe der Meßwerte und der Umgebungsbedingungen der Stationen (Höhenlinien, Rauhigkeiten und Hindernisse) sowie fehlerfreier Modellierung durch das Programm WASP müssen sich die jeweils an der anderen Station gemessenen Werte berechnen lassen. Man erhält aus der WASP-Rechnung eine mittlere Windgeschwindigkeit von 7,1 m/s und eine mittlere Leistungsdichte von 422 W/m^2 für Satzung, berechnet aus den Windmeßdaten von Jöhstadt, sowie eine mittlere Windgeschwindigkeit von 5,9 m/s und eine mittlere Leistungsdichte von 249 W/m^2 für Jöhstadt, berechnet aus den Windmeßdaten von Satzung. Die WASP-Rechnung bestimmt in beiden Fällen eine zu hohe Windgeschwindigkeit und eine zu hohe Leistungsdichte. Während die Abweichungen in der mittleren Windgeschwindigkeit noch erträglich erscheinen, treten sie in der Leistungsdichte deutlich hervor. Aus den Ergebnissen ist ersichtlich, daß - selbst über verhältnismäßig geringe Entfernungen - bei einer gegenseitigen Berechnung der Windverhältnisse Fehler auftreten, die für die Belange einer Ertragsprognose von Windkraftanlagen zu groß sind. Die Ursache ist darin zu sehen, daß die Stationen nicht im gleichen Repräsentanzgebiet liegen. Damit wird bestätigt, daß die dänische Windatlasmethode WASP in stark strukturiertem Mittelgebirge (wie Erzgebirge) auf prinzipielle Schwierigkeiten stößt.

Ein weiteres Untersuchungsgebiet lag in der Umgebung von Bautzen nördlich des Lausitzer Berglandes bis zu den Ortschaften Königswartha und Mücka sowie zwischen Bischofswerda und den Königshainer Bergen bei Görlitz. Zur Probe auf Repräsentativität dienen die Stationen Pommritz (Meßgerätehöhe 36 m) und Uhyst (Meßgerätehöhe 30 m) des Sächsischen Windmeßprogramms. Der Ort Pommritz gehört zum Kreis Bautzen und liegt etwa 10 km östlich von Bautzen. Die Station Pommritz befindet sich nahe beim Ortsteil Wawitz in einer Höhe von 230 m ü.NN. Der Ort Uhyst a. T. gehört zum Kreis Bischofswerda und liegt an der Autobahn Dresden - Weißenberg westlich von Bautzen. Die Station Uhyst befindet sich auf dem Großhänchener Berg in einer Höhe von 260 m ü.NN. Die Stationen liegen etwa 22 km auseinander. Es wurden jeweils zeitgleiche Daten von knapp zehn Monaten (Nov. 92 bis Aug. 93) verwendet. Bild 4 zeigt die Häufigkeitsverteilung der Windrichtung von Pommritz und Bild 5 diejenige von Uhyst. An beiden Stationen ist die Hauptwindrichtung West. Außerdem weisen die Windrichtungsverteilungen eine starke Ähnlichkeit auf (im Gegensatz zu den

Erzgebirgsstationen Satzung und Jöhstadt). In Pommritz ergeben sich aus den Windmeßdaten eine mittlere Windgeschwindigkeit von 5,9 m/s und eine mittlere Leistungsdichte von 257 W/m^2. In Uhyst betragen die entsprechenden Werte 6,1 m/s und 278 W/m^2. Eine gegenseitige Berechnung der Windverhältnisse mittels WASP ergibt eine mittlere Windgeschwindigkeit von 5,9 m/s und eine mittlere Leistungsdichte von 264 W/m^2 für Pommritz aus den Werten von Uhyst und eine mittlere Windgeschwindigkeit von 6,1 m/s und eine mittlere Leistungsdichte von 295 W/m^2 für Uhyst aus den Werten von Pommritz.

Die Ergebnisse zeigen, daß eine gegenseitige Berechnung der Windverhältnisse gut möglich ist. Hieraus - und aus der Ähnlichkeit der Windrichtungsverteilungen - kann abgeleitet werden, daß an beiden Stationen ein ähnliches Windklima herrscht, die Stationen sich also in demselben Repräsentanzgebiet befinden. Um mit dem dänischen Windatlasprogramm WASP flächendeckend das Windenergiepotential eines größeren Territoriums zu bestimmen, ist es also nötig (falls die Region aus mehreren windklimatischen Repräsentanzgebieten besteht), die Grenzen der Repräsentanzgebiete zu kennen und in jedem Repräsentanzgebiet wenigstens eine Windmeßstation zu haben. Aus diesem Grunde wurden die Grenzen des Gebietes "Umgebung von Bautzen" entsprechend gewählt. Nach dem weiter vorn beschriebenen Verfahren wurde mit den Windmeßdaten der Station Pommritz bei einem Gitterabstand von 200 m für das genannte Gebiet die mittlere Leistungsdichte des Windes berechnet und in Form von Linien gleicher Leistungsdichte in Bild 6 dargestellt. Günstige Windverhältnisse herrschen beispielsweise an der Talsperre Bautzen, auf dem Thromberg, Wohlaer Berg und Strohmberg. Bei der Erstellung der Karte blieben allerdings konkurrierende Nutzungsansprüche unberücksichtigt. Außerdem läßt WASP in diesem Regime keine Beeinflussung durch Hindernisse zu, deswegen gibt die Karte nur eine flächenmäßige Bewertung der Windverhältnisse. Das Erfordernis eines Windgutachtens für einen bestimmten Standort bleibt davon unberührt.

4. Zusammenfassung und Ausblick

Mit Hilfe des dänischen Windatlasprogramms WASP wurden Untersuchungen der Windverhältnisse in den Kammlagen des Erzgebirges und in der Umgebung von Bautzen durchgeführt. Dabei zeigte sich, daß WASP in orographisch stark strukturiertem Gelände nur sehr begrenzt anwendbar ist, während es in Gebieten mit ähnlichem Windklima mit gutem Erfolg eingesetzt werden kann. Offensichtlich darf WASP nur innerhalb eines Repräsentanzgebietes verwendet werden. Um mit diesem Programmsystem belastbare Ergebnisse für weite Teile Sachsens erzielen zu können, ist es nötig, die Grenzen der Regionen mit ähnlichen windklimatischen Eigenschaften zu kennen und in jedem dieser Repräsentanzgebiete mindestens eine Windmeßstation zu errichten.

Die Berechnung bzw. Interpolation des Windenergiepotentials im oberen Erzgebirge und in den Kammlagen bedarf des Einsatzes anderer Verfahren wie beispielsweise mesoskaliger Modelle [8]. Da auch hierfür eine Verifikation der Berechnungen an Hand von Meßreihen erforderlich ist, erscheint die Weiterführung eines qualifizierten Windmeßprogramms zweckmäßig.

5. Literatur

[1] LIEBE, G.:
Wind-Elektrizität, ihre Erzeugung und Verwendung für ländliche Verhältnisse.
Paul Parey Verlag, Berlin 1915

[2] Husumer Windenergietage 1993, Tagungsband
Husum, 22.9.-26.9.1993

[3] DANIELS, W.:
Erfahrungen mit dem Betrieb eines Windparks im Erzgebirge.
in [2], S. 95

[4] KOLLENROTT, F.:
Entwicklungstendenzen für netzspeisende Windkraftanlagen.
Tagung Wasser und Wind,
Fachhochschule Lippe, Lemgo, 21.10.1993

[5] EVERDING, H.; KEUPER, A.; VELTRUP, M.:
Der steinige Weg zur eigenen Windkraftanlage.
DEWI-Magazin Nr. 3 (August 1993), S. 5

[6] MORTENSEN, N. G.; LANDBERG, L.; TROEN, I.; PETERSEN, E. L.:
Wind Atlas Analysis and Application Program (WASP).
Risoe National Laboratory, Roskilde, Denmark, 1993.

[7] TROEN, I.; PETERSEN, E. L.:
European Wind Atlas.
Commission of the European Communities
Risoe National Laboratory, Roskilde, Denmark, 1990.

[8] MENGELKAMP, H.-T.; u.a.:
Bestimmung des Windenergiepotentials über komplexem Gelände.
Deutsche Windenergiekonferenz 1992, Tagungsband S. 113
Wilhelmshaven, 28./29.10.1992

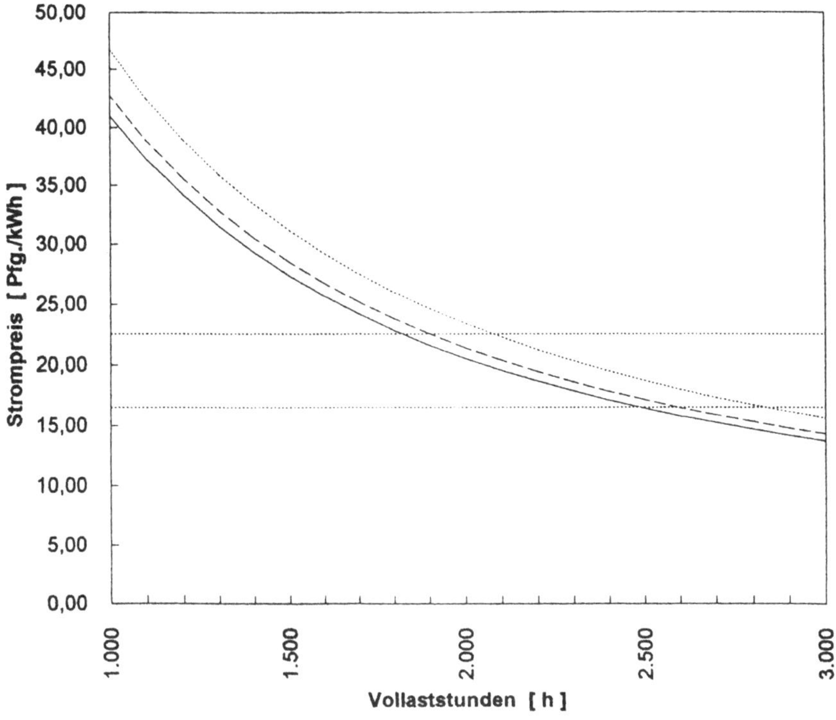

Bild 1: Strompreis einer WKA
in Abhängigkeit von der jährlichen Vollaststundenzahl

Durchgezogene Linie:	spez. Investkosten 2600 DM/kW, Kredit 7 %, 10 Jahre Laufzeit
Gestrichelte Linie:	spez. Investkosten 2600 DM/kW, Kredit 8 %, 10 Jahre Laufzeit
Punktierte Linie:	spez. Investkosten 3000 DM/kW, Kredit 7 %, 10 Jahre Laufzeit

Betriebskosten jeweils 40 DM/kW

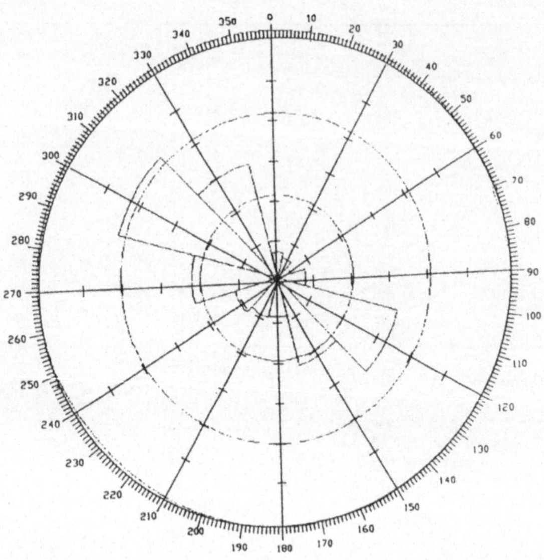

Bild 2: Häufigkeitsverteilung der Windrichtung der Station Satzung
(Radialmaßstab: Ein Teilabschnitt entspricht 10 %)

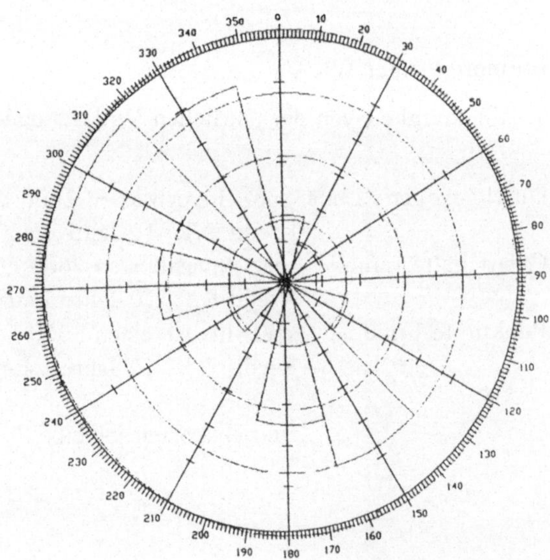

Bild 3: Häufigkeitsverteilung der Windrichtung der Station Jöhstadt
(Radialmaßstab: Ein Teilabschnitt entspricht 5 %)

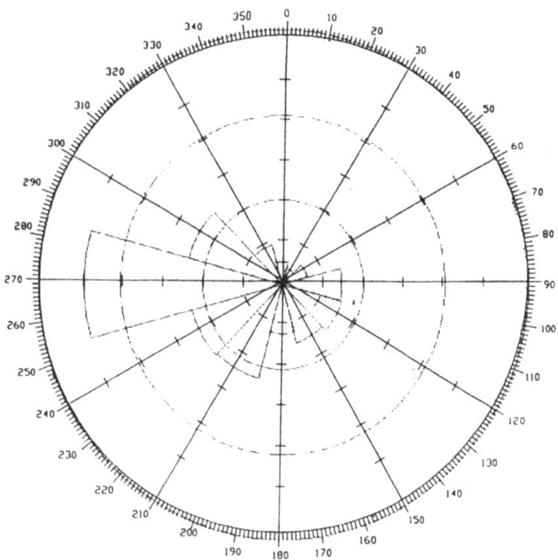

Bild 4: Häufigkeitsverteilung der Windrichtung der Station Pommritz (Radialmaßstab: Ein Teilabschnitt entspricht 10 %)

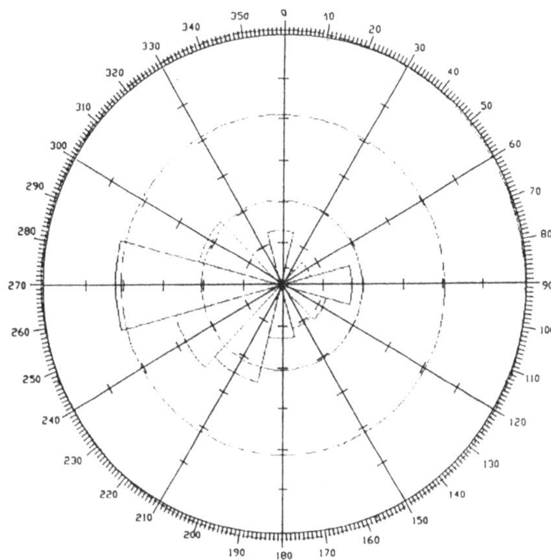

Bild 5: Häufigkeitsverteilung der Windrichtung der Station Uhyst (Radialmaßstab: Ein Teilabschnitt entspricht 10 %)

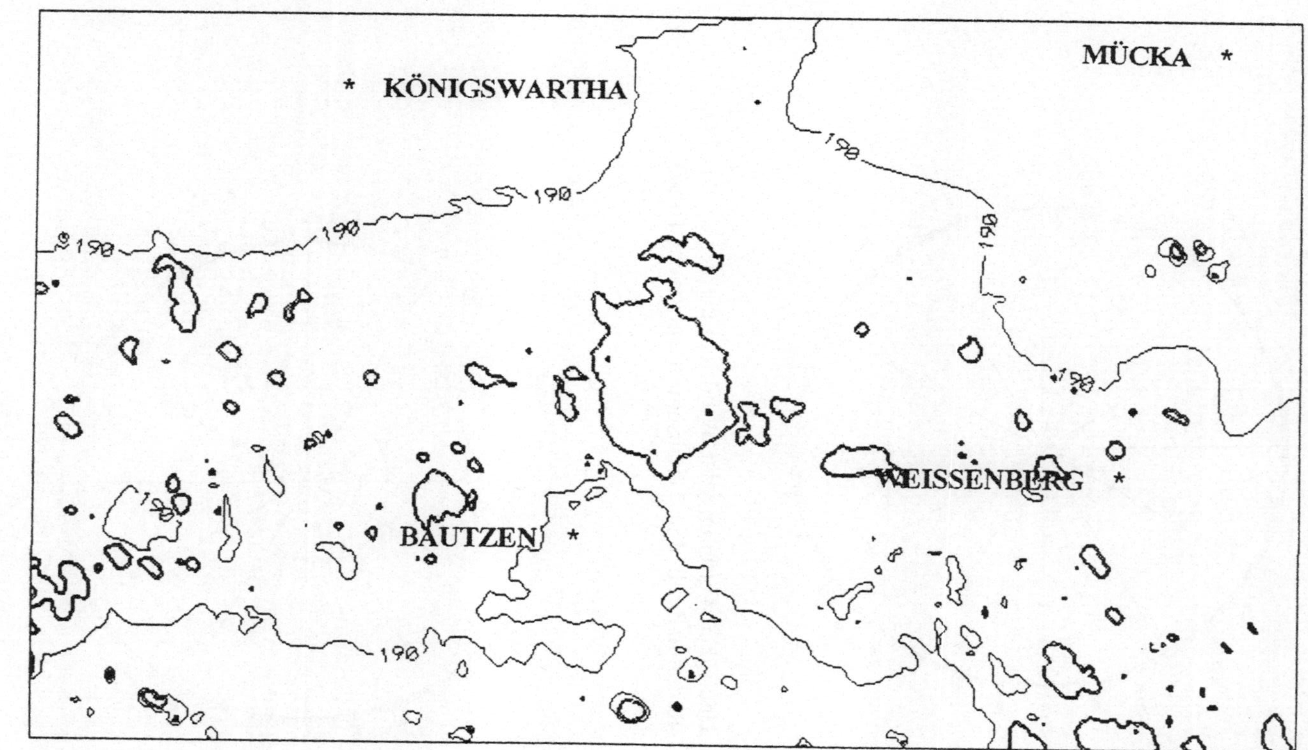

Bild 6: Mittlere Leistungsdichte des Windes um Bautzen (190 W/m^2 und 250 W/m^2)

Ergebnisse der Standardauswertung des 1000-Dächer-Programms

Volker U. Hoffmann
Projektgruppe 1000-Dächer-Meß- und Auswerteprogramm (FhG-ISE Freiburg/Leipzig, WIP München, IST Augsburg, JRC Ispra)

1. Einleitung

Die Begrenztheit der Energieressourcen sowie die Gefahr von Umweltschädigungen und Klimaveränderungen durch das Verbrennen fossiler Energieträger fordern rasch wirksame Maßnahmen zum effizienten Umgang mit Energie, zur beträchtlichen Energieeinsparung und zur Erschließung CO_2-freier Energiequellen. Als eine der vielen Möglichkeiten dazu kann die Photovoltaik, die Technik der direkten Umwandlung von Sonnenlicht in elektrischen Strom angesehen werden /1/.
Entsprechend der "Richtlinie zur Förderung der Erprobung kleiner photovoltaischer Solarenergieanlagen (Bund-Länder-1000-Dächer-Photovoltaik-Programm)" /1/ und deren aktuellen Ergänzungen sollen in der Bundesrepublik Deutschland insgesamt 2250 netzgekoppelte Anlagen auf den Dächern von Ein- und Zweifamilienhäusern installiert und erprobt werden. Der Name 1000-Dächer-Programm für das Vorhaben wurde gewählt, weil sich diese Bezeichnung in der Allgemeinheit besser einprägt /2/. Auf die einzelnen Bundesländer wurden für das Programm Kontingente verteilt, wobei den Flächenstaaten jeweils 150 und den Stadtstaaten jeweils 100 Anlagen zugesprochen wurden. Die je Anlage zulässige zu installierende Spitzenleistung bewegt sich zwischen 1 und 5 kWp. Die Gesamthöhe der Fördermittel beträgt 70 % der Investitionskosten, bei einer Obergrenze der spezifischen Investitionskosten von 27 TDM/kWp.

2. Ziele und Anliegen des 1000-Dächer-Programms

Die Ziele dieses vom Bundesministerium für Forschung und Technologie (BMFT) und den jeweiligen Bundesländern geförderten Breitentests der netzgekoppelten Photovoltaik sind:

- Demonstration der Nutzung von Dachflächen für die dezentrale Stromerzeugung aus Sonnenenergie und ihrer Vereinbarkeit mit baulichen und architektonischen Gesichtspunkten,
- Weckung der Bereitschaft, den Stromverbrauch im Haushalt, soweit möglich, dem Rhythmus der Solarstromerzeugung anzupassen und durch den Einsatz energiesparender Geräte zu erreichen, daß der erzeugte Solarstrom einen mög-

lichst großen Anteil an der gesamten Stromversorgung des Haushaltes ausmacht,

- Gewinnung von Know-how in der kostengünstigen, zuverlässigen, weitgehend standardisierten und sicheren Installation netzgekoppelter dachmontierter Photovoltaikanlagen,
- Sammeln von Erfahrungen über das Betriebsverhalten der photovoltaischen Anlagen mit dem Ziel einer technischen Optimierung aller Komponenten.

Ein begleitendes Meß- und Auswertungsprogramm (MAP) soll u. a. folgende Fragen beantworten:

- Wie hoch ist die Versorgungs- und Betriebssicherheit sowie der Wartungs- und Reparaturaufwand für die Anlagenkomponenten ?
- Wie ist das Langzeitverhalten der Anlagen und Anlagenkomponenten ?
- Welche Jahresausbeute an elektrischer Energie läßt sich in Abhängigkeit vom Standort und der Ausrichtung der Generatoranlage erzielen ?
- Wie verteilt sich die Energie auf die Jahres- und Tageszeiten ?
- Werden durch den Betrieb von Wechselrichtern Störungen im Netz verursacht?
- Von welchen Faktoren werden die System- und Kompenentenwirkungsgrade beeinflußt ?

Dieses Meß- und Auswertungsprogramm wird in zwei parallel laufenden Vorhaben realisiert:

- **dem Intensiv-Meß- und Auswertungs-Programm (I-MAP)**; es ist vorgesehen, dafür 90 Anlagen nach einem statistischen Verfahren sowie 10 Anlagen nach speziellen Gesichtspunkten auszuwählen. Alle 100 Anlagen unterliegen einer umfassenden Vermessung. Die dabei gewonnenen Daten werden per Modem direkt zu einem Rechner im Fraunhofer-Institut für Solare Energiesysteme (FhG-ISE) in Freiburg übertragen und dort ausgewertet.

- **dem Standard-Meß- und Auswertungs-Programm (S-MAP)**, in das alle 2250 Anlagen einbezogen werden sollen. Es handelt sich dabei um ein Einfachmeßverfahren, bei dem die Anlagenbetreiber über fünf Jahre hinweg verpflichtet sind, monatlich die Werte von drei in der Anlage eingebauten Wechselstromzählern
  - Energie aus dem Wechselrichter (Erzeugungszähler),
  - Energie in das Netz (Einspeisezähler),
  - Energie aus dem Netz (Bezugszähler),

abzulesen und auf ein Meßdatenblatt zu übertragen. Zusätzlich sind vom Anlagenbetreiber in dem Meßdatenblatt noch Angaben über eventuell aufgetretene Störungen an bestimmten Anlagenkomponenten (z.B. Solargenerator, Wechselrichter) sowie deren Ausfallgrund und Ausfalldauer zu vermerken. Anzugeben sind weiterhin die Kosten für eventuell anfallende Reparaturen. Die Meßdatenblätter werden entweder über die zuständigen Länderstellen oder direkt an die Gruppe Leipzig

des FhG-ISE geschickt und dort in einer Paradox-Datenbank gespeichert und entsprechend ausgewertet.
Seit dem Start des 1000-Dächer-Programms im September 1990 gab es einige Veränderungen der ursprünglichen Ausschreibungsbedingungen des 1000-Dächer-Programms. So erfolgte u. a. eine Ausweitung des Programms auf die neuen Bundesländer. Es wurde einer zweimaligen Verlängerung der Antragsfrist für die neuen Bundesländer und einer einmaligen Verlängerung der Antragsfrist für die alten Bundesländer zugestimmt. Seit Januar 1992 ist der Einsatz von Solarmodulen gestattet, deren Solarzellen in Ländern der EG hergestellt wurden.

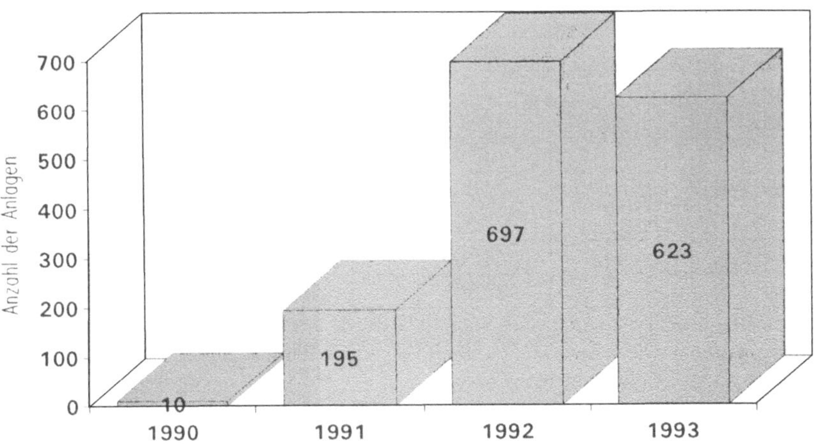

Bild 1 Anzahl der im 1000-Dächerprogramm errichteten PV-Anlagen

Für die wissenschaftliche Auswertung, vor allem im S-MAP, ergeben sich durch diese Veränderungen in gewissen Umfang zusätzliche Untersuchungsmöglichkeiten. So können jetzt beispielsweise Anlagen miteinander verglichen werden, die in den Jahren 1991bis 1994 und eventuell sogar 1995 errichtet wurden (Bild 1).
Andererseits bewirken diese Veränderungen im Terminablauf des 1000-Dächer-Programms sowie gewisse zeitliche Verzögerungen in seiner Anlaufphase, daß nur einige wenige Anlagen der ursprünglich vorgesehenen fünfjährigen Vermessung im Rahmen des S-MAP unterzogen werden können, da das 1000-Dächer-Programm entsprechend den gegenwärtig geltenden Festlegungen zum 31.12.1995 ausläuft.

3. Derzeitiger Stand des 1000-Dächer-Programms

In Tabelle 1 ist der Stand der Abwicklung des 1000-Dächer-Programms per 30. November 1993 dargestellt.

Bundesland	Kontingent	Bewilligte Anlagen	Installierte Anlagen
Baden-Württemberg	176	175	128
Bayern	176	173	155
Berlin	116	116	98
Brandenburg	150	91	59
Bremen	100	66	48
Hamburg	130	127	123
Hessen	150	150	144
Mecklenbg.-Vorpommern	100	86	41
Niedersachsen	176	176	158
Nordrhein-Westfalen	160	160	138
Rheinland-Pfalz	166	165	120
Saarland	100	12	10
Sachsen	150	150	88
Sachsen-Anhalt	100 [1)]	100	16
Schleswig-Holstein	150	145	118
Thüringen	150	123	81
Gesamt	**2250**	**2015**	**1525**

1) Auf der Bund-Länder-Sitzung vom 26.11.1993 wurde das Kontingent von Sachsen-Anhalt auf 111 Anlagen erhöht. Die Gesamtzahl der im Rahmen des 1000-Dächer-Programms vorgesehenen Anlagen erhöht sich dadurch nicht.

Tabelle 1 Angaben zum Stand des 1000-Dächer-Programms per 30.11. 1993

Es wird erkennbar, nahezu das gesamte Kontingent von 2250 Anlagen auch tatsächlich errichtet werden wird. Zumindest deutet die Zahl von derzeit 2015 bewilligten Anlagen daraufhin. Zugleich werden aber auch deutlich, daß es zwischen den einzelnen Bundesländern ganz erhebliche Unterschiede hinsichtlich der Anzahl der bewilligten und der bisher errichteten Anlagen gibt. Zwei der neuen Bundesländer (Mecklenburg-Vorpommern und Sachsen-Anhalt) hatten bereits Mitte 1992 erklärt, daß sie das ihnen zustehende Kontingent von jeweils 150 Anlagen nicht voll ausschöpfen und nur maximal 100 Anlagen errichten werden. Daraufhin wurde einer Umverteilung der 100 zurückgegebenen Anlagenkontingente zugestimmt, so daß nunmehr in einigen Bundesländern mehr als die ursprünglich vorgesehenen 150 Anlagen installiert werden können (Tab. 1). Weiterhin muß davon ausgegangen werden, daß u.a. das Saarland das ihm zustehende Kontingent von 100 Anlagen nicht voll nutzen wird und in diesem Bundesland wohl nur noch eine unwesentliche Erhöhung der Zahl der bewilligten Anlagen zu erwarten ist. Auf der Bund-Länder-Sitzung zum 1000-Dächer-Programm am 26.11.1993 in Bonn wurde u.a. aus diesem Grunde dem Wunsch der Länderstelle von Sachsen-Anhalt entsprochen, das diesem Bundesland zur Verfügung stehende Kontingent auf 111 Anlagen zu erhöhen.

Von der in Tabelle 1 genannten Gesamtzahl der Anlagen waren zum 30. November 1993 die Projektstammdaten für 1282 Anlagen mit einer installierten Gesamtleistung von 3.130,0 kWp sowie rund 15.000 Meßdaten in der von der Gruppe Leipzig des FhG-ISE verwalteten Datenbank gespeichert. Die Differenz zur Anzahl der tatsächlich errichteten Anlagen läßt sich u.a. mit Verzögerungen bei der Ausfertigung der verbindlichen Projektstammblätter in den jeweiligen Länderstellen sowie mit Verzögerungen in deren Postversand an die zentrale Auswertestelle erklären.

4. Erste Auswertungen aus dem Standard-MAP

4.1 Leistungs- und Kostendaten

In Tabelle 2 sind einige ausgewählte Anlagendaten aus den einzelnen Bundesländern aufgeführt.

Bundesland	**Anzahl**	**durchschn. Anlagenleistung (kWp)**	**durchschn. Anlagenkosten (DM)**
Sachsen	82	3,31	24.288,-
Brandenburg	27	3,17	20.960,-
Sachsen-Anhalt	10	3,07	21.593,-
Bayern	124	2,89	24.218,-
Mecklenburg-Vorpommern	22	2,73	24.045,-
Baden-Württemberg	100	2,66	24.011,-
Hessen	124	2,66	24.682,-
Rheinland-Pfalz	130	2,41	23.997,-
Thüringen	37	2,36	25.056,-
Schleswig-Holstein	114	2,35	24.907,-
Berlin	98	2,29	23.774,-
Niedersachsen	148	2,24	25.707,-
Bremen	45	2,17	24.987,-
Nordrhein-Westfalen	93	2,08	23.906,-
Saarland	10	1,85	19.982,-
Hamburg	118	1,77	26.035,-
Gesamt	**1282**	**2,45**	**24.347,-**

Tabelle 2 Gesamtübersicht der Leistungs- und Kostendaten für die einzelnen Bundesländer (Stand 30.11.1993 - 1282 Anlagen in der Datenbank)

Dabei ist erkennbar, daß es zwischen den Bundesländern nicht nur die bereits erwähnten recht erhebliche Unterschiede im derzeit erreichten Stand der Realisierung des Programms gibt, sondern auch solche hinsichtlich der Anlagengröße und -kosten. Interessant ist dabei die Tatsache, daß Sachsen mit einer durchschnittlichen Anlagengröße von 3,31 kWp deutlich über dem Wert aller anderen Bundesländer liegt. In Sachsen wurde bisher eine besonders große Anzahl von Anlagen mit einer Leistung um 5 kWp installiert, was zu diesem hohen Durchschnittswert führte.

Im Rahmen einer ergänzend zur technischen Auswertung des 1000-Dächer-Programms in Arbeit befindlichen soziologischen Begleitungtersuchung sollen u.a. die Motive der potentiellen Anlagenbetreiber für eine solche Entscheidung ermittelt werden. Dazu werden von rund 1500 Anlagenbetreibern mittels Fragebogen neben demografischen Angaben u.a. auch Aussagen zu den Gründen die sie zur Installation einer netzgekoppelten PV-Anlagen bewogen haben, zu den Erfahrungen im Umgang mit dieser Technik, zur Unterstützung durch Länderstellen und Installationsfirmen erhoben. Die Beteiligung an dieser Befragung ist für die Anlagenbetreiber freiwillig und erfolgt unter Wahrung der Anonymität.

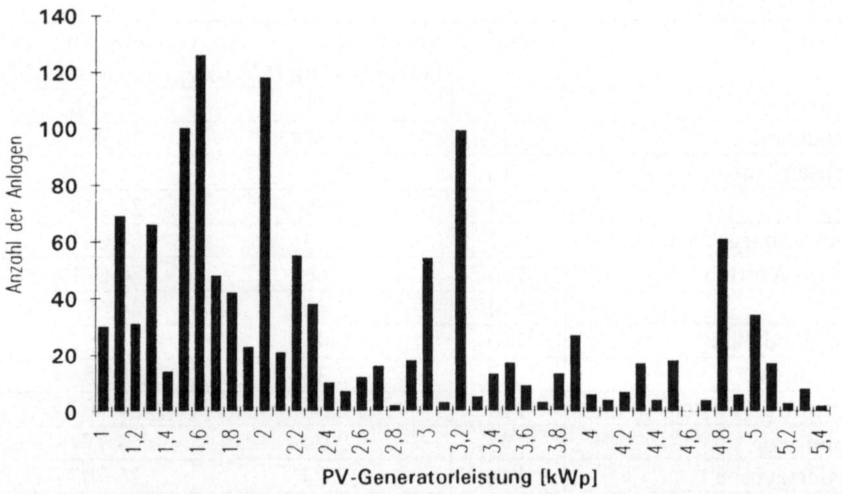

Bild 2 Leistungsverteilung von 1282 PV-Anlagen des 1000-Dächer-Programms

Aus Tabelle 2 geht hervor, daß die durchschnittliche Leistung aller bisher in der Datenbank gespeicherten Anlagen bei 2,45 kWp liegt. Ein Blick auf die Grafik der Leistungsverteilung (Bild 2) zeigt allerdings eine deutliche Häufung der Anlagenleistung im Bereich bis zu 2,0 kWp. Bei knapp 62 % der gegenwärtig in der Datenbank befindlichen Anlagen liegt die Nennleistung unter dem genannten Durchschnittswert von 2,45 kWp. Betrachtet man die Häufigkeitsverteilung der Anlagengrößen der bisher in die Auswertung einbezogenen Anlagen, so sind deutlich die Spitzenwerte der Anlagenzahl bei einer PV-Generatorleistung von 1,5 kWp, 1,6 kWp, 2,0 kWp, und 3,2 kWp zu erkennen. Aus Bild 2 kann weiterhin abgeleitet werden, daß die typische Anlagengröße im 1000-Dächer-Programm zwischen 1,5 und 1,6 kWp sowie bei 2,0 kWp liegt. Eine der Ursachen für den diskontinuierlichen Verlauf der Häufigkeitsverteilung der PV-Generatorleistung ist darin zu suchen, daß bei den gegenwärtig in die Auswertung einbezogenen PV-Anlagen überwiegend Wechselrichter der Firma SMA in den Typen PV-WR 1500 und PV-WR 1800 SMA installiert wurden (vgl. Tab. 3). Die Eingangsgleichspannung dieser Wechselrichter liegt im Bereich von 80...130 V. In der Regel werden bei diesen Anlagen 6 Standardmodule in Reihe geschaltet werden. Dies entspricht einer Leistung von ca. 300 W je Strang. Da die Nennleistung eines Solargenerators stets von der Anzahl der parallel geschalteten Stränge bestimmt wird, kann eine Stufung der Generatorleistung dann jeweils nur in der Höhe der Leistung jeweils eines Stranges erfolgen. Die Auslegung der Anlagennennleistung im 1000-Dächer-Programm wird also in erheblichem Maße auch von der Eingangsgleichspannung der am häufigsten eingesetzten Wechselrichtertypen beeinflusst. Eine Feststellung, die übrigens auch von den derzeit vorliegenden ersten Auswertungsergebnissen des österreichischen 200-kW-Photovoltaik-Programms bestätigt wird /3/.

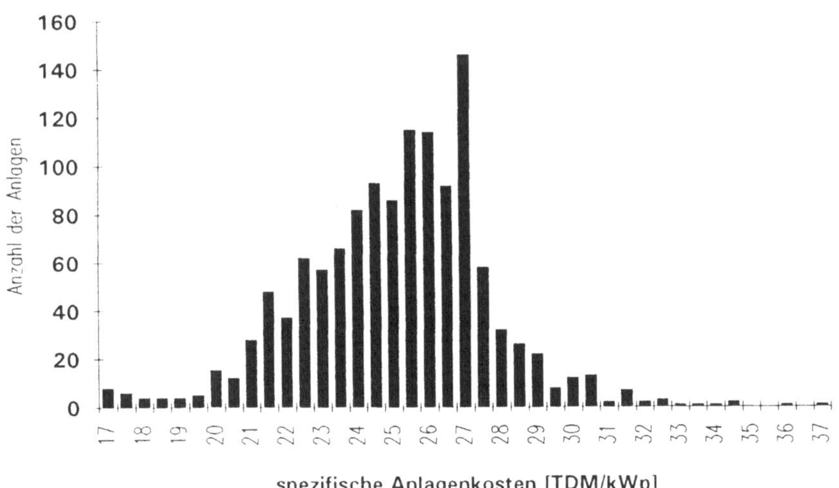

Bild 3 Verteilung der spezifischen Anlagenkosten im 1000-Dächer-Programm

In Bild 3 ist der Verlauf der Häufigkeitsverteilung der spezifischen Anlagenkosten für die in die Auswertung einbezogenen 1282 Anlagen dargestellt. Das Maximum der Häufigkeit bei 27,-TDM/kWp fällt dabei markant aus dem übrigen Verteilungsverlauf heraus, der generell durch eine sehr große Spanne der spezifischen Anlagenkosten (von 17,- TDM/kWp bis 37,- TDM/kWp) gekennzeichnet ist. Der in Bild 3 erkennbare Verlauf zeichnete sich bereits bei einer vorausgegangenen Auswertung auf der Basis von 707 Anlagen ab /4/. Aus den vorliegenden Projektstammdaten lassen sich gegenwärtig keine konkreten Ursachen für derartige Kostenunterschiede bzw. für das extreme Abweichen von den Durchschnittswerten ableiten. Auch hier bedarf es zur Ermittlung der Ursachen weiterer Untersuchungen. Gegebenenfalls müssen bei derart extremen Werten auch die jeweiligen Fachfirmen befragt werden. Das gilt auch für die in Tab. 2 erkennbare unterschiedliche Höhe der durchschnittlichen Anlagenkosten in den einzelnen Bundesländern. Diese schwankt zwischen rund 20,0 TDM/kWp im Saarland und etwa 26,0 TDM/kWp in Hamburg. Eine Korrelation zwischen Anlagengröße und Höhe der spezifischen Anlagenkosten konnte für die Gesamtheit der in die Auswertung einbezogenen Anlagen bisher nicht festgestellt werden.

4.2 Dimensionierung von Solargenerator und Wechselrichter

In Bild 4 ist die Verteilung der Leistungsverhältnisse (Eingangsnennleistung des Wechselrichters zur Nennleistung des Solargenerators) der bisher installierten Anlagen dargestellt.

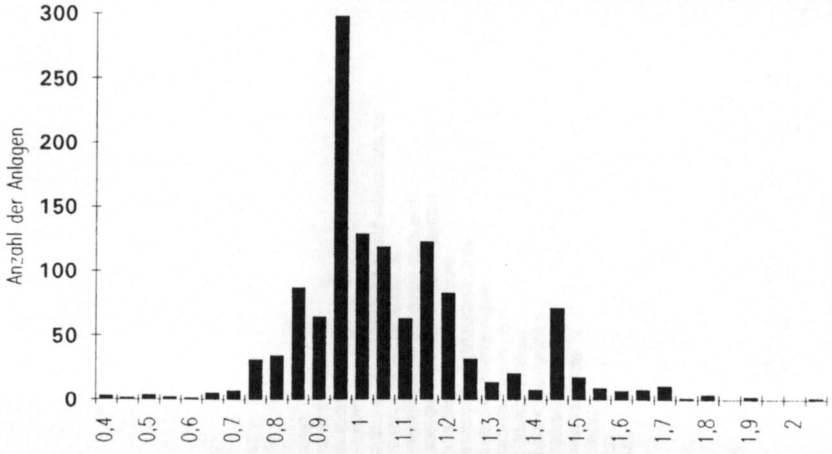

Bild 4 Verteilung der Leistungsverhältnisse (Wechselrichter/PV-Generator von 1265 Anlagen im 1000-Dächer-Programm

Allein aus den statistischen Werten über diese Leistungsverhältnisse lassen sich allerdings keinerlei Schlußfolgerungen über die Qualität der Dimensionierung der betrachteten Anlagen ableiten. Entsprechende Untersuchungen in /6/ und /7/ zeigen, daß der optimale Energieertrag der Gesamtanlage hauptsächlich durch den Eigenverbrauch des Wechselrichters bestimmt wird. Bei Verwendung eines Wechselrichters mit sehr geringem Eigenverbrauch (z.B. 0,5 % der Eingangsnennleistung) hat das Leistungsverhältnis nahezu keinen Einfluß auf den Jahresertrag der PV-Anlagen /8/ und /9/. Die wesentlichen Faktoren, die auf das optimale Nennleistungsverhältnis einwirken sind die Einstrahlungsbedingungen (Standort, Klima, Neigungswinkel) und die Eingangsleistungsbegrenzung des Wechselrichters. Als Resultat der eben genannten Untersuchungen kann im Hinblick auf das 1000-Dächer-Programm bei Dachmontage des PV-Generators generell ein Nennleistungsverhältnis um 0,75 empfohlen werden. Aus der Darstellung in Bild 4 kann somit entnommen werden, daß eine erhebliche Zahl von Anlagen im 1000-Dächer-Programm im Hinblick auf das Leistungsverhältnis nicht optimal ausgelegt ist. Zur Ermittlung der entsprechenden Ursachen bedarf es noch weitere Untersuchungen.

4.3 Marktanteile der eingesetzten Komponenten (Wechselrichter, Solarmodule)

4.3.1 Wechselrichter

Für 1270 im Rahmen des 1000-Dächer-Programms errichtete PV-Anlagen sind derzeit in der Datenbank die konkreten Angaben zum verwendeten Wechselrichtertyp gespeichert. Danach wurden bisher insgesamt 1596 Wechselrichter in 44 verschiedenen Typen installiert (Tab. 3).

Hersteller	**Typenzahl**	**Gesamtzahl**	**Anteil**
SMA	4	849	53,2
UfE	6	219	13,7
Siemens	4	199	12,5
Karschny	7	105	6,6
Solar Konzept	11	102	6,4
Solar Diamant	4	91	5,7
Fabrimex	4	16	1,0
Dorfmüller	2	9	0,6
Victron Energie	1	5	0,3
Hardmeier elect.	1	1	0
Gesamt	**44**	**1596**	**100**

Tabelle 3 Wechselrichter im 1000-Dächer-Programm (Stand 30.11.1993)

Deutlich wird dabei die bereits erwähnte Dominanz der Firma SMA. Zwar sind die Wechselrichter PV-WR 1500 und PV-WR 1800 dieser Firma besonders häufig vertreten, aber dennoch wurde durch das 1000-Dächer-Programm offensichtlich die Entwicklung einer Vielzahl neuer Wechselrichtertypen sowie die verstärkte Fertigung von Wechselrichtern mit kleiner Nennleistung angeregt. Damit wurde bereits eine Zielsetzung des Programms erreicht.

4.3.2 Solarmodule

Hinsichtlich der Herkunft der im 1000-Dächer-Programm verwendeten Solarmodule hat sich seit dem Start des Programms eine deutlich erkennbare Veränderung ergeben. Im Jahre 1991 wurden ausschließlich Module der drei deutschen Hersteller Siemens, DASA und Nukem installiert. Mehr als drei Viertel davon wurden von Siemens geliefert, wobei insbesondere der Typ M 55 aus monokristallinem Silizium dominierte. Der Anteil der DASA (TST) lag bei 23,4 % während Nukemmodule einen Anteil von nur 0,4 % hatten.

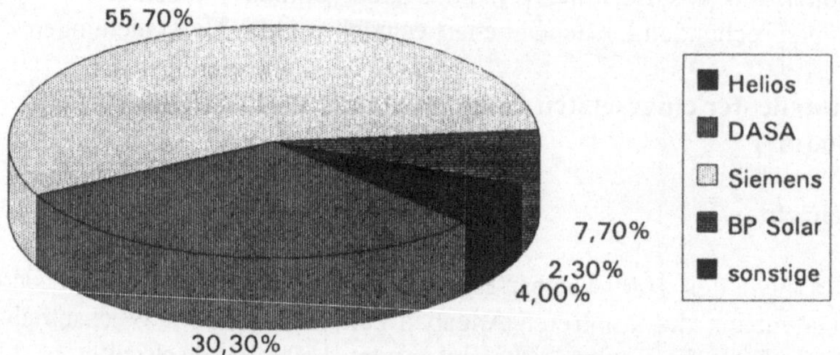

Bild 5 Prozentuale Anteile der Modulhersteller im 1000-Dächerprogramm (Stand 30.11.1993 - Gesamtleistung 3.130 kWp)

Mit Stand vom 30.11.1993 hat sich die Zahl der Modulhersteller auf sechs erhöht, was insbesondere auf die im Jahre 1992 erfolgte Zulassung von Modulen, deren Solarzellen in Ländern der EG hergestellt wurden, zurückzuführen ist (Bild 5). Insgesamt wurden bisher mehr als 30 verschiedene Modultypen verwendet, wobei nach wie vor die Siemensmodule und hier wiederum der Typ M 55 vorherrschend sind.

5. Erste Auswertungsergebnisse der Meßdatenblätter (Standard-MAP)

Für 266 Anlagen des 1000-Dächer-Programms aus dreizehn Bundesländern lagen am 30.11.1993 die Zählerstände für ein komplettes Betriebsjahr - von Juni 1992 bis Juni 1993 - vor. Auf dieser Grundlage kann der Anlagenertrag (final yield) ermittelt werden /10/. Er gibt an, wieviel Energie [kWh] bezogen auf die installierte Solargeneratorspitzenleistung $P_{peak\ (inst)}$ [kW] im betrachteten Zeitraum t_d den Verbrauchern zur Verfügung steht und errechnet sich zu:

$$Y_f = \frac{E_{PVuse}}{P_{peak(inst)} \cdot td}$$

Durch die Normierung auf die installierte Leistung ist der Wert dieses Parameters nicht mehr von der Anlagengröße abhängig, wohl aber von:

- den unterschiedliche Einstrahlungsverhältnissen am Standort (solare Einstrahlung, Neigung der Modulflächen, Abschattungen usw.),
- den Systemausfällen bzw. Abschaltungen der Anlagen oder der Anlagenkomponenten,
- dem Eigenverbrauch des Wechselrichters.

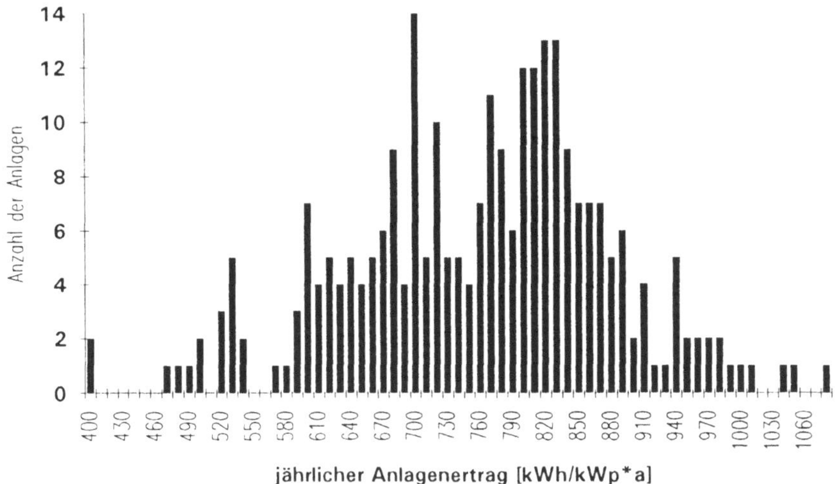

Bild 6 Häufigkeitsverteilung des jährlichen Anlagenertrages von 266 Anlagen im 1000-Dächer-Programm

Bild 6 zeigt die Häufigkeitsverteilung des jährlichen Anlagenertrages für die genannten 266 Anlagen. Erkennbar wird dessen relativ große Bandbreite (von 341,1 bis 1078,8 kWh/kWp*a). Das Maximum der Häufigkeit liegt mit 14 Anlagen bei 700 kWh/kWp*a. Hinzu kommen 85 Anlagen mit einem Anlagenertrag von 770 bis 830 kW/kWp*a. Wie bereits erwähnt, wird der Anlagenertrag wesentlich von den konkreten Strahlungsverhältnissen am jeweiligen Standort beeinflußt. Dabei spielt die geografische Lage des Anlagenstandortes eine entscheidende Rolle. Diesen Einfluß der geografischen Lage des Anlagenstandortes auf den Anlagenertrag belegen die in Tabelle 4 aufgeführten Durchschnittswerte für die einzelnen Bundesländer ebenso wie die Bilder 7 und 8 in denen die Häufigkeitsverteilung des jährlichen Anlagenertrages für zwei ausgewählte Bundesländer (Hamburg und Rheinland-Pfalz) aufgezeigt wird.
In Tabelle 4 ist ein deutliches Süd-Nord-Gefälle in der Höhe des Anlagenertrages erkennbar, das bis zu einem gewissen Grade dem Verlauf der Einstrahlungsunterschiede zwischen Nord- und Süddeutschland entspricht. Eventuelle weitere Einflußfaktoren konnten beim derzeitigen Stand der Auswertung noch nicht ermittelt werden. Aus dem erkennbaren Süd-Nord-Gefälle fällt gegenwärtig lediglich der Wert für Bremen heraus. Bisher liegen für dieses Bundesland allerdings nur für zwei Anlagen die Meßwerte für den Zeitraum von Juni 1992 bis Juni 1993 vor. Die in Tabelle 4 enthaltenen Werte können daher für Bremen nur einen informativen Charakter haben. Aus diesem Grunde wurden sie auch kursiv ausgewiesen.

Land	**Anlagen-zahl**	**Durchschnitt (kWh/kWp)**	**Maximum (kWh/kWp)**	**Minimum (kWh/kWp)**
Hamburg	36	604,3	765,0	341,1
Schleswig-Holstein	14	710,8	937,9	592,3
Nordrhein-Westfalen	16	737,4	1040,6	482,0
Niedersachsen	53	745,1	944,5	569,3
Sachsen	9	745,5	810,7	630,0
Thüringen	4	776,7	813,7	736,6
Hessen	16	793,2	876,9	668,4
Saarland	4	793,4	936,0	638,5
Bayern	34	796,5	1000,1	524,0
Berlin	10	797,3	855,7	716,3
Bremen	*2*	*799,1*	*902,5*	*695,6*
Rheinland-Pfalz	47	810,7	1078,8	613,2
Baden-Württemberg	21	824,0	987,0	597,6
Gesamt	**266**	**757,1**	**1078,8**	**341,1**

Tabelle 4 Durchschnittswerte sowie Minimum und Maximum des jährlichen Anlagenertrages von 266 PV-Anlagen nach Bundesländern

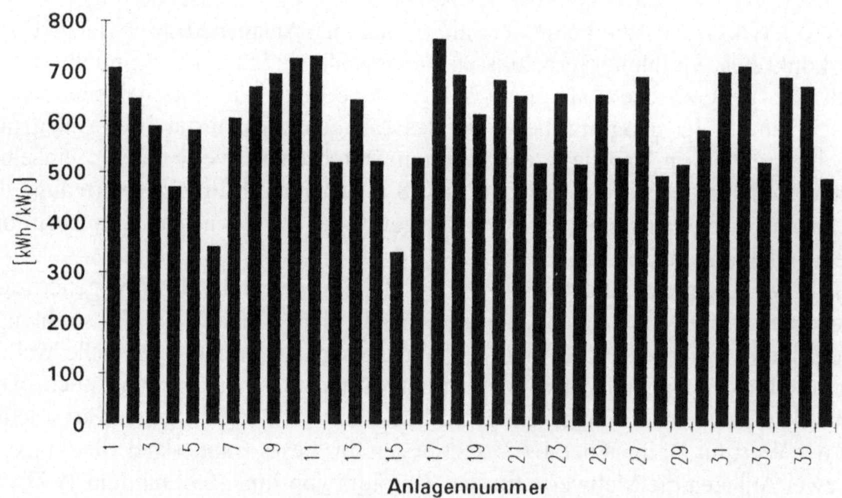

Bild 7 Häufigkeitsverteilung des jährlichen Anlagenertrages für 36 Anlagen in Hamburg

Ergänzend zu den Werten in Tabelle 4, zeigen die Bilder 7 und 8 die Häufigkeitsverteilung des jährlichen Anlagenertrages für die Bundesländer Hamburg bzw. Rheinland-Pfalz. Deutlich erkennbar wird das unterschiedliche Niveau, auf dem sich die Werte für den jährlichen Anlagenertrag in den beiden Ländern bewegen. Während in Hamburg nur fünf Anlagen die Marke von 700 kWh/kWp erreichen bzw. überschreiten, liegen in Rheinland-Pfalz lediglich fünf Anlagen darunter.

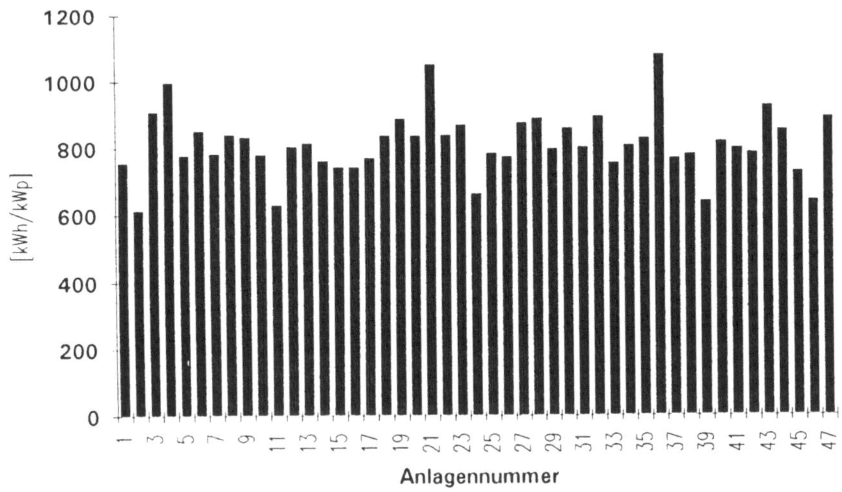

Bild 8 Häufigkeitsverteilung des jährlichen Anlagenertrages von 47 Anlagen in Rheinland-Pfalz

Der Durchschnittswert des jährlichen Anlagenertrages für alle 266 Anlagen liegt bei 757,1 kWh/kWp. Ein Vergleich von Anlagen unterschiedlicher Standorte ist mit Hilfe des jährlichen Anlagenertrages wegen dessen bereits erwähnter Abhängigkeit von den jeweiligen Einstrahlungsbedingungen am Anlagenstandort nicht möglich.
Im Rahmen der Gesamtauswertung des 1000-Dächer-Programms ist abschließend eine enge Verknüpfung von Ergebnissen des S-MAP, des I-MAP und der bereits erwähnten sozio-wissenschaftlichen Begleituntersuchungen vorgesehen. Nur so können die eingangs erwähnten Zielstellungen des Programms erfüllt werden.

Literatur

/1/ Richtlinie zur Förderung der Erprobung, kleiner photovoltaischer Solarenergieanlagen (Bund- Länder-1000-Dächer-Programm), Bundesanzeiger vom 22. September 1990

/2/ W. Sandtner: Zum Bund-Länder-1000-Dächer-Photovoltaik-Programm

/3/ H.Wilk: Zwischenbilanz: 200 kW-Photovoltaik-Breitentest, Stand 7.8.1992

/4/ V.U. Hoffmann, Th. Erge, K. Kiefer, E. Rössler, H.-J. Riess: Erste Ergebnisse der Standardauswertung des 1000-Dächer-Programms, Achtes Nationales Symposium Photovoltaische Solarenergie, 17.-19. März 1993, Kloster Banz (b. Staffelstein)

/5/ V.U.Hoffmann, Th. Erge, K. Kiefer, E. Rössler, H.-J. Riess: Auswertung der Meßdaten von photovoltaischen Kleinanlagen im Rahmen des Bund-Länder-1000-Dächer-Photovoltaik-Programms, Statusreport Photovoltaik

/6/ J. Schmid, R. v. Dincklage: Sizing of Inverters in PV-Installations, Proceedings of the Euroforum - New Energies Congress, Saarbrücken 1988

/7/ J. Schmid, H. Schmidt: Inverters for PV-Systems, Proceedings of the 5 th Contractors Meeting of the EC PV-Demonstration Projects, ISPRA, 1991

/8/ H. Schmidt, M. Jantsch: Einfluß des Eigenverbrauchs von Wechselrichtern, Überwachungsgeräten und Anzeigeeinheiten auf die Energiebilanz einer Photovoltaikanlage, Tagungsband Regensburger Solartage, Regensburg 1992

/9/ M. Jantsch: Einfluß von Auslegung und Qualität der Systemkomponenten auf die Energiebilanz von Photovoltaik-Anlagen, Achtes Nationales Symposium Photovoltaische Solarenergie, Staffelstein, 1993

/10/ H. Rieß: Auswertung vom Meßdaten im I-MAP; Arbeitsmaterial der Projektgruppe 1000-Dächer-Meß- und Auswerteprogramm.

Nutzung geothermischer Energie durch die Neubrandenburger Stadtwerke

Harald Jahnke

1. Einführung

In Neubrandenburg wird seit dem 01.09.1988 eine Fernwärmeversorgungsanlage auf Basis geothermischer Energie betrieben. Damit ging die zweite Anlage dieser Art im Nord-Osten Deutschlands an das Netz. Bereits 1984 wurde eine Geothermische Heizzentrale (GHZ) in Waren an der Müritz in Betrieb genommen.
Bis heute ist die Neubrandenburger Anlage die größte Wärmeerzeugungsanlage im Bereich der Nutzung niedrigthermaler Porenspeicher in Deutschland.

Wie kam es zur Nutzung der Geothermie an diesem Standort?

Anfang der 80er Jahre suchte die Stadt Neubrandenburg nach einer Energieversorgungsvariante für neue Wohnungsbauvorhaben. Die Energieversorgung der DDR basierte zum größten Teil auf dem einzigen, in ausreichendem Maße vorhandenen Energieträger, die Braunkohle, wobei sich die Braunkohlelagerstätten im Süden des Landes befanden. Für Energieträger wie Öl und Gas bestanden Einsatzbeschränkungen.
Diese Rahmenbedingungen und die guten geologischen Verhältnisse brachten die Geothermie als eine Alternative ins Gespräch.
Bei der Entscheidung für die Errichtung der GHZ als Pilotanlage stand die Wirtschaftlichkeit nicht im Vordergrund schließlich wurden durch staatliche Subventionen alle Energieträgerpreise gestützt.

Geplant wurde die Anlage für die Wärmeversorgung einer Lehrerbildungseinrichtung, heute Fachhochschulkomplex, und für einen Wohnkomplex mit Verkaufs- und Sozialeinrichtungen.

Die Anlagenleistung von 20 MW sollte in zwei Bauabschnitten von jeweils 10 MW erreicht werden. Da sich das Wohnungsbauprogramm in der Zwischenzeit völlig geändert hatte, wurde nur ein Bauabschnitt fertiggestellt.

2. Geologische Bedingungen

Wer denkt im Zusammenhang mit Deutschlands Norden an geothermische Vorkommen?

Doch unter der gesamten norddeutschen Tiefebene befinden sich Sedimentstrukturen mit porösen, wasserführenden Sandsteinschichten. Die Thermalwässer in diesen Gesteinsschichten bieten in ausreichender Tiefe riesige Energievorkommen in Form von Wärme. Die Nutzung der Erdwärme wird somit möglich, obwohl keine geologische Anormalie ausgenutzt werden kann. Die interessante Aufgabe der Nutzbarmachung dieser Ressourcen wurde in Neubrandenburg verwirklicht. Hier konnten zwei Horizonte mit tiefliegenden Aquiferen und ausreichender Wasserführung erschlossen werden. Die Nutzhorizonte befinden sich in Tiefen von 1270 m und 1130 m; dort beträgt die Thermalwassertemperatur 52 - 56 °C. Die Mineralisation ist mit 110 - 135 g/l (vorwiegend NaCl) sehr hoch.

3. Nutzung der Erdwärme

3.1 Prinzip der Anlage

Zur Betrachtung des Prinzips der Anlage ist es sinnvoll, sie in die beiden Teilsysteme Thermalkreislauf und Obertageanlage zu unterteilen.

3.1.1 Thermalkreislauf

Die Nutzung des Thermalwassers erfolgt in einem geschlossenen Kreislauf.
In Neubrandenburg werden hierzu vier Bohrungen genutzt. Die Gewinnung und Reinjektion des Thermalwassers erfolgt im Mehrschichtparallelbetrieb.
Die beiden Nutzhorizonte werden so genutzt, daß an einem Standort ein Fördersondenpaar, am anderen Standort ein Verpreßsondenpaar

installiert sind. Die Sonden befinden sich in sogenannten Sondenkopfbauwerken.
Der Abstand zwischen den Förder- und den Verpreßbohrungen beträgt ca. 1300 m.
Aus den Fördersonden wird das Thermalwasser mittels Unterwassermotorpumpen gefördert. In Plattenwärmeübertragern gibt das Thermalwasser seine Enthalpie an die Obertageanlage an das mittels Wärmepumpen ausgekühlte Heiznetzrücklaufwasser ab. Über die Verpreßleitung wird das ausgekühlte Thermalwasser nach einer Feinfilterung mittels Verpreßpumpen über die Injektionssonde wieder in die gleiche Gesteinsschicht verpreßt. So soll das hydraulische Gleichgewicht Untertage so wenig wie möglich beeinflußt werden. Bei diesem Prozeß wird die Wärmelagerstätte abgebaut, da der natürliche Erdwärmestrom nicht ausreicht, um das verpreßte, kalte Wasser aufzuheizen. Für die Thermalwasserspeicher der Geothermischen Heizzentrale Neubrandenburg wurde ein Nutzungszeitraum von mindestens 30 Jahren ermittelt. Dieser zu erwartende Nutzungszeitraum bildet eine entscheidende Grundlage für die Rechtfertigung der erheblichen Investitionen zur Nutzung geothermischer Energie.
Während des gesamten technologischen Ablaufs kommt das hochmineralisierte Thermalwasser nicht mit der Umwelt in Berührung. So können, den Störungsfall ausgeschlossen, keine Schäden entstehen. Diese Bauteile im Thermalkreislauf werden durch das Thermalwasser stark beansprucht. An diese Bauteile im Thermalkreislauf werden hohe Anforderungen in bezug auf die Materialqualität gestellt.

3.1.2 Obertageanlage

Die in den Wärmeübertragern dem Thermalwasser entzogene Wärme wird in einem Zwischenkreislauf der Verdampferseite von Wärmepumpen zugeführt.
Hier wird die Wärme auf eine höhere Temperaturstufe transformiert und an den Heizkreislauf abgegeben. Die Bereitstellung der Nutzwärme erfolgt in einem Niedertemperaturnetz 65/35 °C.
Die Wärmepumpen befinden sich in der Bauhülle der eigentlichen Heizzentrale. Diese ist räumlich von den Sondenkopfbauwerken getrennt. Die Ursache hierfür liegt in der Anlagenplanung, denn ursprünglich waren noch ein weiteres Förder- und Verpreßsondenpaar

geplant worden. Die GHZ sollte möglichst im Zentrum aller Sonden ihren Standort finden.

3.2 Zustand der Anlage zum Zeitpunkt der Übernahme durch die Stadtwerke

Seit dem 01.11.1991 wird die Geothermische Heizzentrale durch ein Unternehmen der Neubrandenburger Stadtwerke betrieben.
Die Abnehmerleistung betrug ca. 7,6 MW. Diese Leistung beanspruchten ca. 860 Wohnungen, Sozial- und Verkaufseinrichtungen und ein Fachhochschulkomplex.
Zum Zeitpunkt der Übernahme wurde die Anlage monovalent, d. h. nur auf Basis geothermischer Energie gefahren. Ein Havarie- bzw. ein Spitzenheizsystem waren nicht vorhanden. So kam es zum Ärger der Kunden immer wieder zu kurzfristigen Heizungsausfällen.

Der Thermalkreislauf war durch zwei wesentliche Schwachpunkte gekennzeichnet. Die Unterwassermotorpumpen fielen häufig aus, da sie dem hochmineralisierten Thermalwasser nicht standhielten. Gleichfalls waren die Verbindungsstellen der Thermaltrasse zwischen Förder- und Verpreßsonde den Belastungen nicht gewachsen.

In der Obertageanlage arbeiten vier elektrisch angetriebene Kompressionswärmepumpen. Die elektrische Leistung dieser Wärmepumpen betrugt je 630 kW. Die in den Wärmeübertragern dem Thermalwasser entzogene Wärme wurde in einem Zwischenkreislauf der Verdampferseite dieser elektrischen Wärmepumpen zugeführt. Im unteren Wärmekreislauf wurde die Wärme auf eine höhere Temperaturstufe transformiert und im Verflüssiger an den Heizkreislauf abgegeben. Für die Wärmepumpen waren keine Kapselungen vorgesehen, so daß das Tragen von Gehörschutz erforderlich war.
Ein großes Problem stellte das ständig entweichende Kältemittel R 12 dar. Somit wurden große Mengen FCKW freigesetzt.
Zum Betrieb der Anlage waren zu diesem Zeitpunkt noch 7 Arbeitskräfte erforderlich, obwohl der Gesamtprozeß weitestgehend automatisierbar ist. Die Anlage arbeitete in der beschriebenen Konfiguration hoffnungslos unwirtschaftlich. So gab es in Neubrandenburg zwar eine funktionstüchtige Anlage, die mindestens den Beweis für die Machbarkeit der Geothermie in Norddeutschland erbrachte, die jedoch durch Improvisation in der Ausrüstung sanierungsbedürftig war. Bei unveränderter Betriebsweise mußte

unsere Gesellschaft mit hohen Verlusten aus dieser Wärmeversorgung rechnen.

3.3 Umgestaltung der Anlagentechnik durch die Neubrandenburger Stadtwerke

Als junges, kommunales Unternehmen waren und sind wir uns der Verantwortung, die Energieversorgung zu sichern, bewußt.
Damit wir diese Aufgabe auch in Zukunft erfüllen können, gehört der Einsatz erneuerbarer Energien sowie der sparsame und rationelle Einsatz der Energieträger zur Unternehmensphilosophie.
Mit dieser Einstellung haben wir uns als junge Stadtwerke der neuen Einstellung vieler kommunaler Versorgungsunternehmen angeschlossen. Diese neue Einstellung, die nicht mehr nur die preisgünstige und sichere Versorgung in den Vordergrund stellt, ist ohne Zweifel der Erkenntnis um die Gefahren, die unserer Umwelt durch die Enegieanwendung erwachsen, geschuldet. Die Entscheidung für den weiteren Betrieb der Geothermie fiel somit nicht schwer. Obwohl die Umstellung der Heizungsanlage auf einen konventionellen Energieträger, gerade in Anbetracht der finanziellen Möglichkeiten der eben gebildeten Stadtwerke, der einfachere Weg gewesen wäre. Schließlich ging es nicht darum, eine symbolträchtige Marketingmaßnahme zu realisieren, sondern den Wärmebedarf einiger hundert Kunden zuverlässig und kostengünstig zu sichern.

Ziele der Anlagenumgestaltung waren:

- Erhöhung der Versorgungssicherheit
- Verbesserung der Wirtschaftlichkeit
- Minimierung von Umweltbelastungen

3.3.1 Maßnahmen im Thermalkreislauf

Die Thermalwasserleitung zwischen den Sondenkopfbauwerken 1/2 und 3/4 wurde 1992 komplett ausgewechselt.
Zum Einsatz kam doppelwandiges glasfaserverstärktes Kunststoffrohr auf Epoxidharzbasis. Zwischen den Rohren befindet sich eine PUR-Schaumdämmung mit integrierten Drähten zur Leckmeldung und -ortung.

Die Unterwassermotorpumpen stellen beim heutigen Geräteangebot kein Problem mehr dar.
Durch diese Maßnahmen wurde vor allem die Versorgungssicherheit erhöht, aber auch unnötige Umweltbelastungen wurden durch austretendes Thermalwasser beendet.

3.3.2 Maßnahmen im Obertageteil

In einem ersten Bauabschnitt, beginnend im Oktober 1991, wurden zwei Heizkessel (Öl/Erdgas) installiert.
Ihre Leistung beträgt jeweils 2,3 MW. Anwendung finden diese Heizkessel für die Spitzenlast bzw. für den Havariefall. Bedingt durch Einschränkungen in der Verfügbarkeit der Anlagen im Thermalkreislauf und der Wärmepumpen bestand ein Risiko für die Versorgungssicherheit.
Die erforderliche einfache Versorgungssicherheit, die den Störfall im Unter- bzw. Obertageteil berücksichtigen muß, wurde mit diesen Spitzenkesseln hergestellt.
Die Maßnahme wurde unmittelbar nach der Übernahme durch die Stadtwerke realisiert. Sie half, die durch häufige Versorgungsausfälle bei den Kunden "angekratzte" Akzeptanz der Geothermie schnell und wirksam wiederherstellen.

In einem 2. Bauabschnitt standen die Aufgaben:

1. die Umweltbelastungen durch Freisetzung des FCKW-haltigen Kältmittels Thermalwassers abzustellen,

2. die Wirtschaftlichkeit herzustellen und einen wettbewerberfähigen Fernwärmepreis von unter 100 DM/MWh zu erreichen.

Einzelmaßnahmen:

<u>1. Maßnahme</u>
Die vier elektrisch getriebenen Kompressionswärmepumpen (elektr. Leistung je 630 kW) wurden gegen eine Absorbtionswärmepumpe ausgetauscht. Die Absorbtionswärmepumpe arbeitet mit Wasser als Kühlmittel und Lithiumbromid als Absorber. Die Betriebsenergie für die Absorbtionswärmepumpe ist Wärme, welche in einem Heißwasserkessel erzeugt wird.

Im Bild 1 ist das Prinzip der Wärmepumpe schematisch dargestellt worden.

Das im Zwischenkreislauf herangeführte, durch das Thermalwasser in Plattenwärmeübertragern aufgeheizte Wasser, wird auf 18 °C ausgekühlt. Das 35 °C warme Heiznetzrücklaufwasser wird gleichzeitig auf 65 °C erwärmt.

2. Maßnahme
Die Heißwassererzeugungsanlage zur Bereitstellung der Betriebsenergie mußte gleichfalls völlig neu installiert werden.
Hier kam ein moderner Kessel mit Kombibrenner für Erdgas/alternativ leichtes Heizöl EL zum Einsatz.
Der Kessel ist mit einem Rauchgaskühler verbunden. Hierdurch wird der Wirkungsgrad um ca. 16 % erhöht. Es ist aber eine maximale Ausnutzung der Brennstoffenergie gegeben.

Bild 2 zeigt eine schematische Darstellung des Gesamtprozesses.

3. Maßnahme
Zur Verbesserung der Wirtschaftlichkeit war insbesondere der Zuschnitt des Ausbaukonzeptes auf eine planmäßige Vollauslastung der Grundlastanlagen erforderlich.

Durch die Maßnahmen 1 und 2 stand nunmehr folgende Anlagenleistung bereit:

Geothermie	3,85 MW
Heißwasserkessel mit Rauchgaskühler	7,00 MW
Summe	10,85 MW

Zusätzlich zu dieser Anlagenkapazität stehen die beiden Heizkessel zu je 2,3 MW aus dem 1. Bauabschnitt bereit.

Zur schrittweisen Vollauslastung der Grundlastanlagen wurden weitere Abnehmer akquiriert, so daß der Anschlußwert derzeitig 10,6 MW beträgt.

Im Bild 3 ist die Jahresganglinie ohne Spitzenheizkessel dargestellt.

Es ist deutlich erkennbar, daß die Grundversorgung durch den Geothermieteil bereits gut ausgelastet ist. Wir hoffen, daß bestehende Vorstellungen zur Nutzung der Geothermie im Freizeitbereich verwirklicht werden.
Solche Projekte würden zur weiteren Wärmeabnahme außerhalb der Heizperiode beitragen und somit die Wirtschaftlichkeit weiter verbessern.

Es soll nicht unerwähnt bleiben, daß durch den Neuanschluß von Abnehmern ein rohbraunkohlegefeuertes Heizhaus (Leistung 3,5 MW) abgelöst und so ein zusätzlicher Beitrag zur Umweltentlastung geleistet wurde.

Während die 3. Maßnahme vor allem auf die Verbesserung der Wirtschaftlichkeit ausgerichtet war, dienten die 1. und 2. Maßnahme neben der Verbesserung der Wirtschaftlichkeit vor allem der Umweltentlastung. Durch die Veränderung im Herzstück (Wärmepumpe, Heißwasserkessel) der Obertageanlage wurde das FCKW-haltige Kältemittel völlig ersetzt. Der Umstieg von elektrisch getriebenen Wärmepumpen auf Erdgas, zur Versorgung des Heißwasserkessels zum Antrieb der Absorbtionswärmepumpe, führte gleichfalls zur Erhöhung der Wirtschaftlichkeit. Ein Grund hierfür ist nicht zuletzt, daß die Neubrandenburger Stadtwerke bereits seit über einem Jahr die Erdgasversorgung betreiben, der Kampf um die Stromversorgung jedoch noch anhält.

4. Schlußwort

In Neubrandenburg ist es durch umfangreiche Investitionen gelungen, eine bestehende Anlage zur Nutzung geothermischer Energie sowohl wirtschaftlich zu gestalten als auch jegliche Umweltbelastungen zu beseitigen.
Wir sind in der Lage, Fernwärme zu einem Preis von 99 DM/MWh bei 2000 Ausnutzungsstunden im Jahr bereitzustellen. Dieser Preis liegt noch über dem Bundesdurchschnitt, kann sich jedoch mit den üblichen Preisen in den neuen Bundesländern messen.

Wir werden mit unserer Anlage jährlich ca. 17000 MWh Fernwärme völlig schadstofffrei bereitstellen.

Ich möchte nicht beurteilen, ob der Neubau einer Anlage zur Nutzung geothermischer Energie nach heutigen Maßstäben wirtschaftlich errichtet und betrieben werden kann.
Schließlich haben wir eine vorhandene Anlage mit intaktem Untertageteil übernommen und hatten so weder die enormen Kosten für die Tiefbohrungen noch das Bohrrisiko zu tragen.

Unser Erfolg bei der Nutzung regenerativer Energien soll anderen Personen und Unternehmen Mut zur Verwirklichung ihrer Pläne auf dem Gebiet regenerativer Energien machen, denn nur die Summe der Einzelmaßnahmen kann helfen, unsere Umwelt nachhaltig zu entlasten.

④ Regenerator
Kapazitet/Kontrollventil
Antriebsenergie
③ Wärmeaustauscher
konzentrierte Salzlösung
verdünnte Salzlösung
Wasser
Wasserdampf
Antriebsenergie
Fernwärme
Termalwärme
Dampf
② Absorber
⑤ Kondensator
① Verdampfer

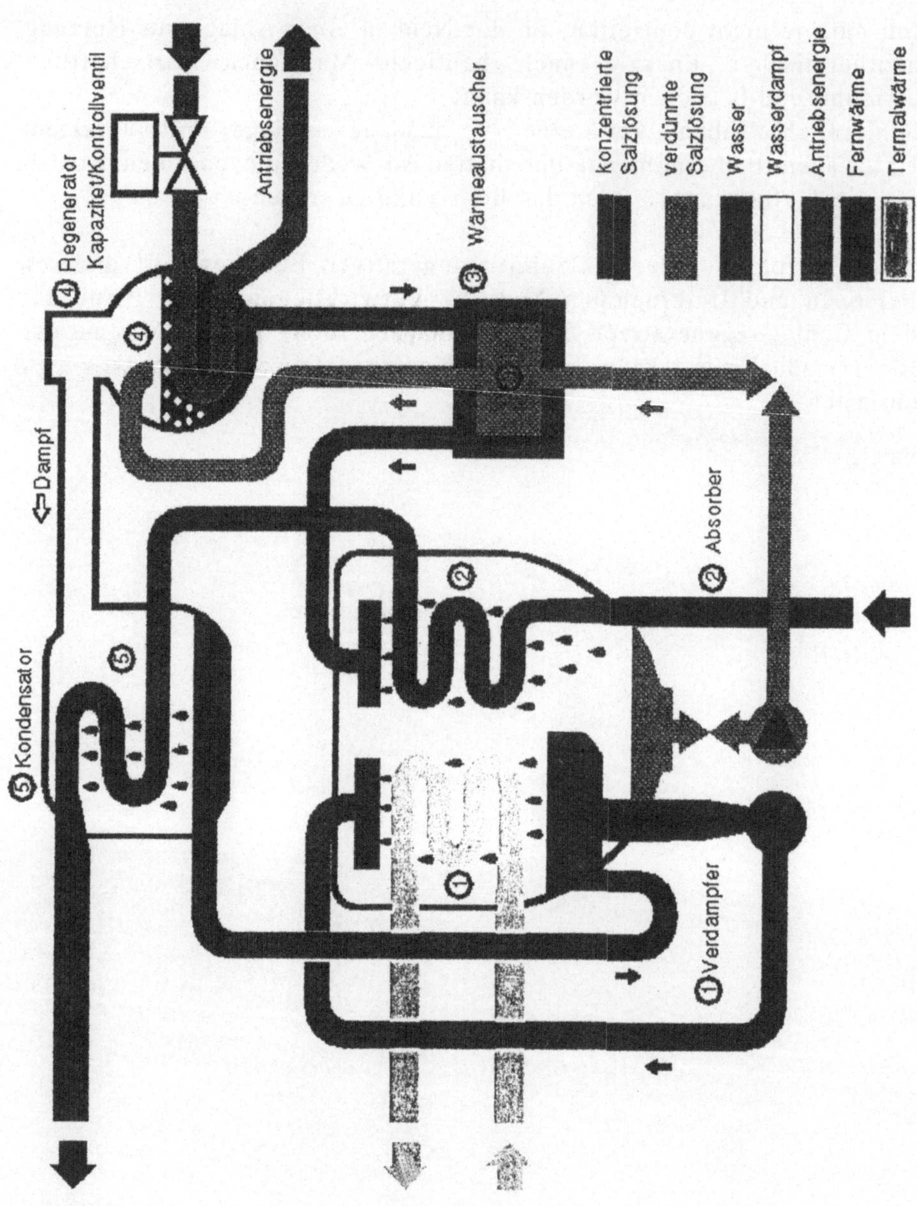

Bild 1

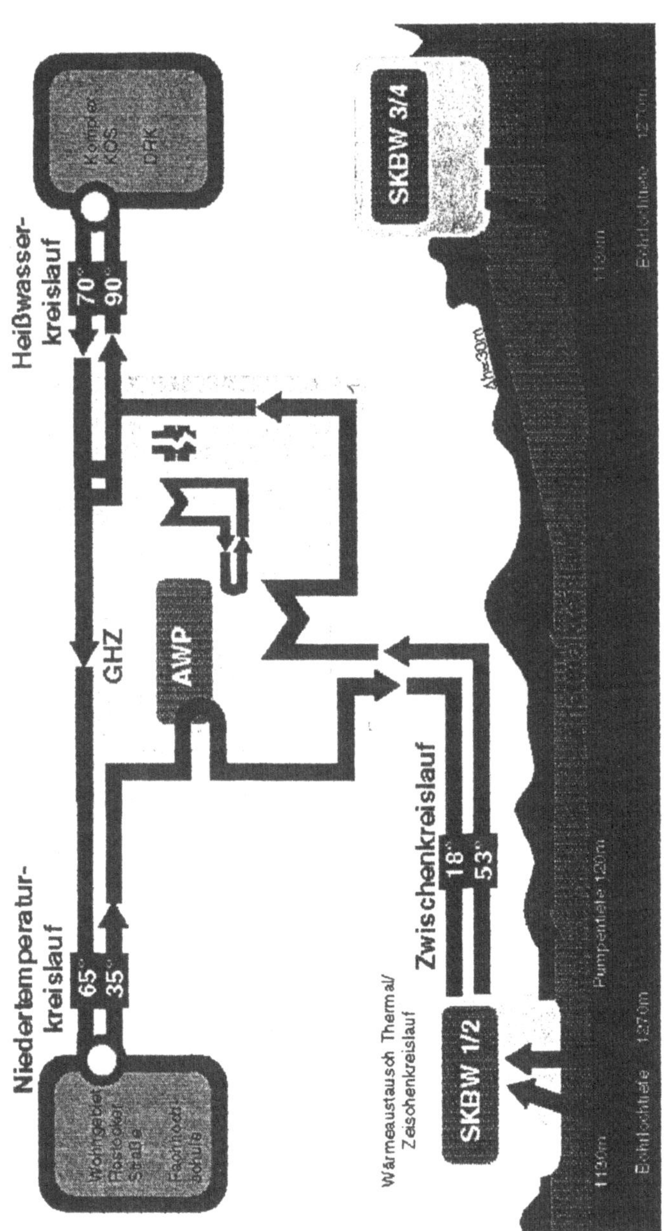

Heißwasser-
kreislauf
70°
90°
Niedertemperatur-
kreislauf
65°
35°
GHZ
AWP
Zwischenkreislauf
18°
53°
Wärmeaustausch Thermal/
Zeischenkreislauf
SKBW 1/2
SKBW 3/4
Pumpentiefe 120m

Bild 2

Bild 3

MW
11
10,6
10
9
8
7
6
5
4
3,85
3
2
1
Jahresganglinie (ohne Spitzenkessel)
Geothermische Heizzentrale Neubrandenburg
ERDGAS : 7.746 MWh
ECO : 1.320 MWh
GEOTHERMIE : 17.500 MWh
TOTAL : 26.566 MWh
1,5
0
1000
2000
3000
4000
5000
6000
7000
8000
8760 h

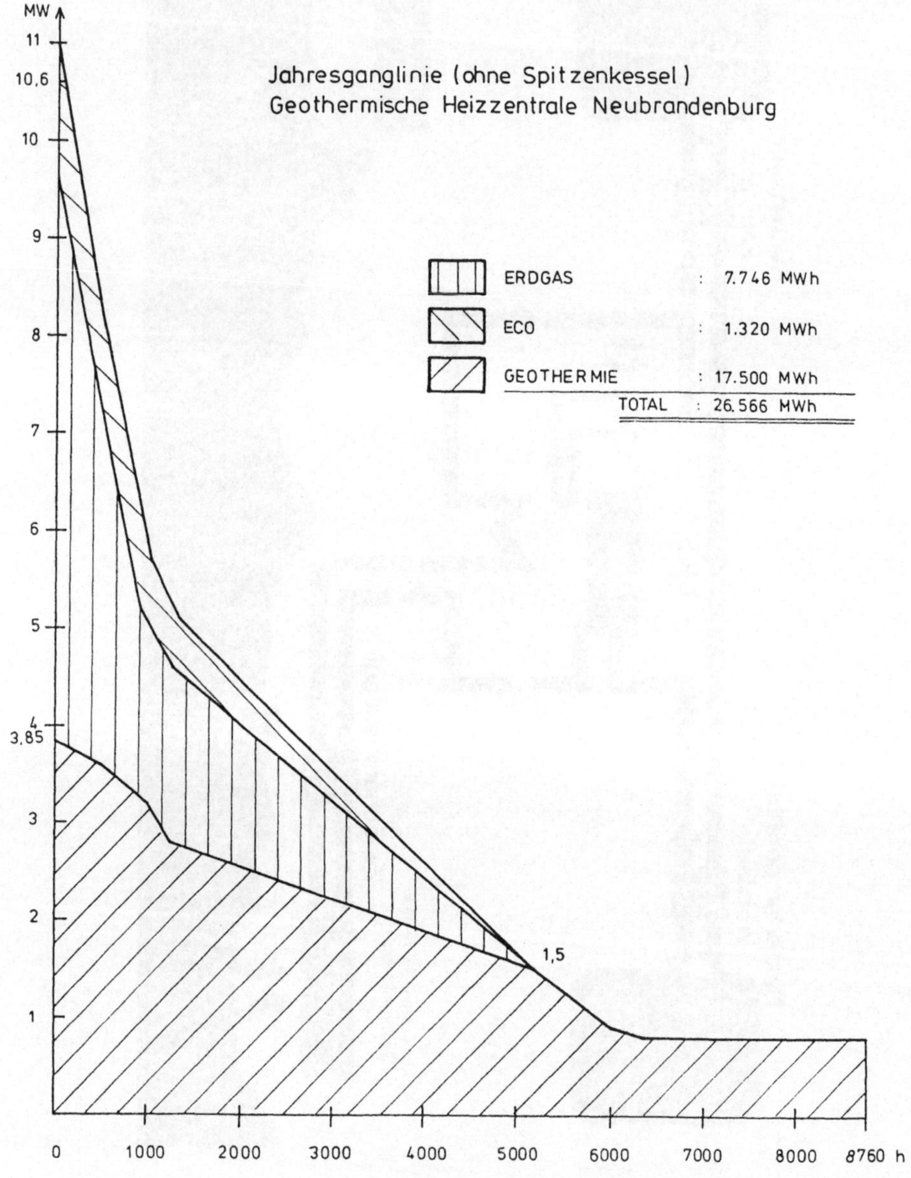

Wechselrichter für netzgekoppelte Photovoltaik-Anlagen

Dipl.-Ing. W. Vaaßen
TÜV Rheinland Sicherheit
und Umweltschutz GmbH
Am Grauen Stein
51105 Köln

Tel.: 0221/806-2910, Fax: 0221/806-1350

1. Einführung

Ein Wechselrichter ist ein elektronisches Gerät, daß den Gleichstrom des Photovoltaikgenerators in Wechselstrom umformt. Damit werden Verbraucher gespeist, die am öffentlichen Stromversorgungsnetz angeschlossen sind.

Die folgenden Ausführungen beziehen sich auf Anlagen und Geräte für dezentrale Anwendungen im kleinen und mittleren Leistungsbereich. In der Regel sind die PV-Generatoren solcher Anlagen mit dem Baukörper verbunden. Dies kann sowohl auf dem Dach sein (siehe Abb. 1) wie auch als Bestandteil der Fassade.

Die netzgekoppelte Photovoltaikanlage besteht im wesentlichen aus dem Generator, dem Generatoranschlußkasten und dem Wechselrichter, der das Herzstück und zugleich das kritische Element der Anlage darstellt.
Dies begründet sich nicht alleine nur aus der Tatsache, daß vor dem 1000-Dächer-Programm nur Erfahrungen mit wenigen Geräten, meist Prototypen, gemacht wurden. Dabei konnten nicht alle Wechselwirkungen der Wechselrichter mit anderen Anlagen oder auch mit dem Menschen erfaßt werden. So können Wechselrichter die Sicherheit des Menschen beeinträchtigen oder ihn z.B. durch Geräuschentwicklung stören. Ebenso können durch den Betrieb des Wechselrichters andere elektrische oder elektronische Anlagen oder Geräte in der Umgebung durch Überspannungen oder Oberschwingungen im Netz oder durch abgestrahlte Störungen beeinträchtigt werden.

Umgekehrt können die Wechselrichter durch die Eigenschaften ihrer Umgebung in ihrer Funktion gestört werden. Temperatur und Feuchtigkeit sind ebenso Einflußgrößen wie Ereignisse im Netz (z.B. Überspannungen) und eine äußere elektromagnetische Beeinflussung durch andere Geräte oder Anlagen.

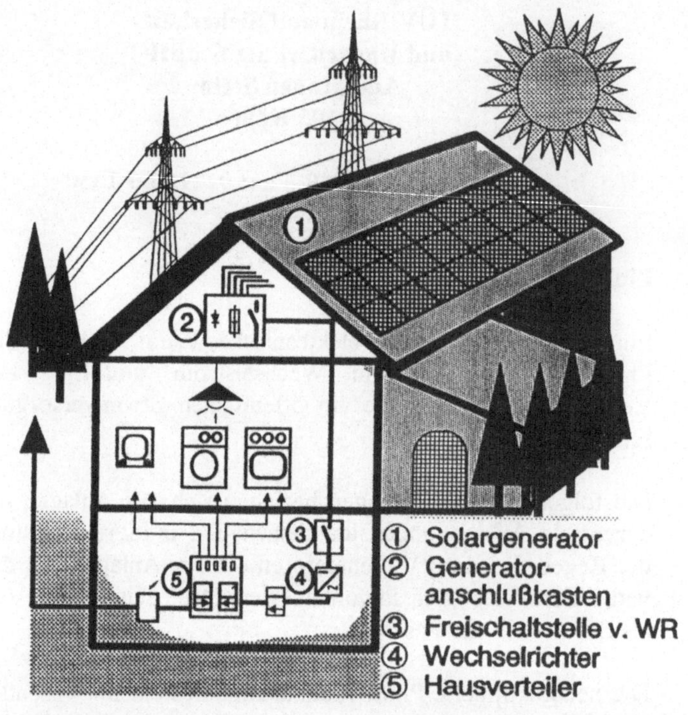

Abb. 1: Aufbau einer netzgekoppelten PV-Anlage

2. Status der Verbreitung von netzgekoppelten PV-Anlagen in Deutschland

Im Rahmen des 1000-Dächer-Programms sind z. Zt. etwa 1800 Anlagen im Leistungsbereich zwischen 1 und 5 kWp installiert. Rechnet man die Länderprogramme dazu, werden sicherlich mehr als 2000 Anlagen in der Bundesrepublik installiert sein, wobei nur wenige den o.g. Leistungsbereich überschreiten.

Es ist erkennbar, daß es bereits eine Vielzahl von Wechselrichterherstellern gibt. Die meisten Hersteller bieten mehrere Typen in verschiedenen Leistungsbereichen an.

Diese kreative Vielfalt verschiedenster Anbieter ist allein auf das 1000-Dächer-Programm zurückzuführen. Durch dieses Programm wurde zumindest für eine gewisse Zeit die Absatzmöglichkeit für Seriengeräte geschaffen. Dadurch sind Entwicklungen initiiert oder forciert worden. In der kurzen Zeit haben die Wechselrichter einen beachtlichen technischen Stand erreicht, allerdings sind weitere Verbesserungen notwendig.

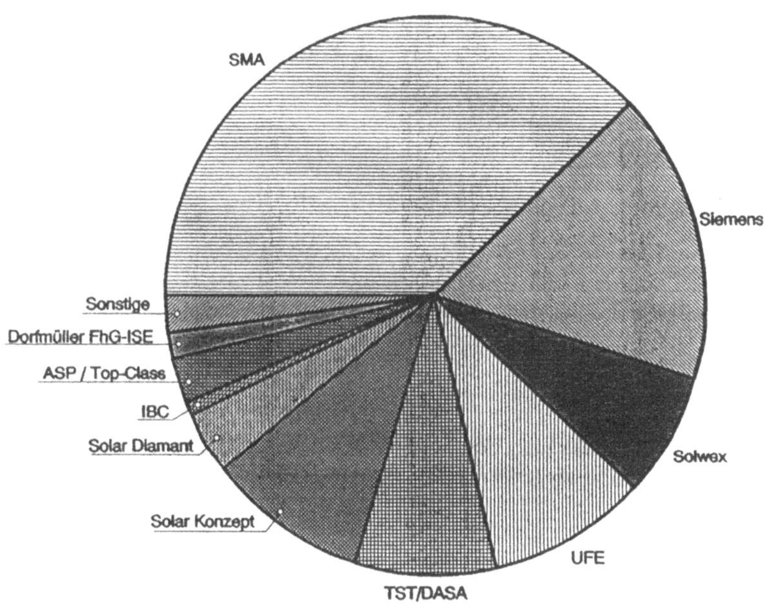

Abb. 2: Eingesetzte Wechselrichter im 1000-Dächer-Programm /1/

Wie bereits erläutert, ist der Wechselrichter wesentlicher Bestandteil eines netzgekoppelten PV-Systems und beeinflußt wesentlich Verfügbarkeit und Effizienz der Gesamtanlagen. Als Kostenbestandteil rangiert er entsprechend Abb. 3 auf Platz 3. Bei größeren Anlagen verringert sich sein Kostenanteil an der Gesamtanlage.
Durch professionelle Fertigungsmethoden, die allerdings nur bei größeren Stückzahlen angewendet werden können, sind weitere Kostenreduktionen bei den Wechselrichtern denkbar.

Aufteilung der Anlagenkosten in %

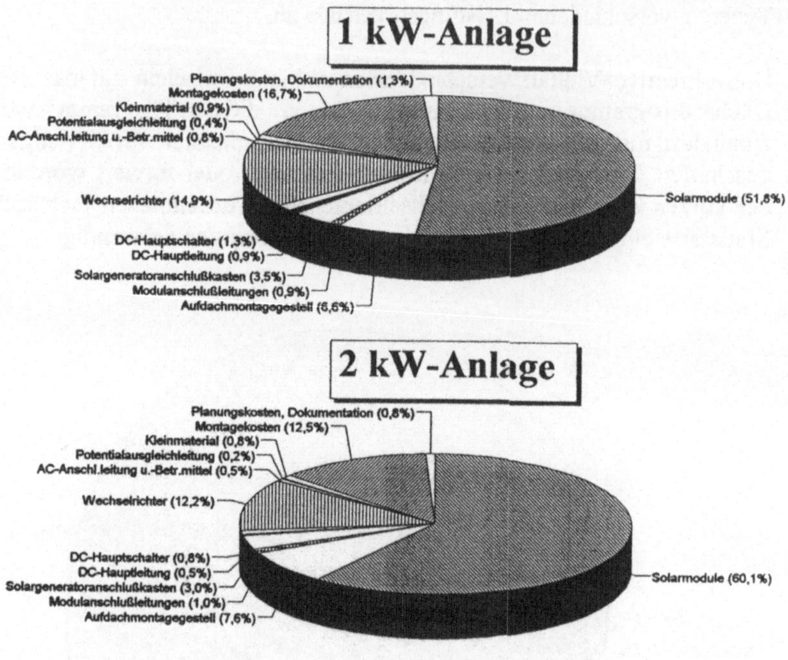

Abb. 3: Aufteilung der Anlagenkosten einer 1 kWp-Anlage (a) und einer 2 kWp-Anlage (b) /2/

3. Verschiedene Wechselrichterkonzepte

Im wesentlichen unterscheidet man zwischen netzgeführten und selbstgeführten Wechselrichtern. Netzgeführte Stromrichter werden in Thyristortechnik aufgebaut. Da der Thyristor ein Schaltelement ist, das vom Steueranschluß aus nur ein-, jedoch nicht abgeschaltet werden kann, muß der Strom im Halbleiterventil zur Erzeugung eines Wechselstromes aufgrund äußerer Einflüsse zu Null gemacht werden. Eine Möglichkeit bietet die Ausnutzung des Verlaufes der Netzspannung. Bei jedem Zündvorgang kommutiert der Strom vom alten auf den neu angesteuerten Thyristor, wobei die Netzspannung als Kommutierungsspannung genutzt wird. Aus diesem Grund spricht man bei dieser Kommutierungsart des Stromes von einem netzgeführten Wechselrichter.

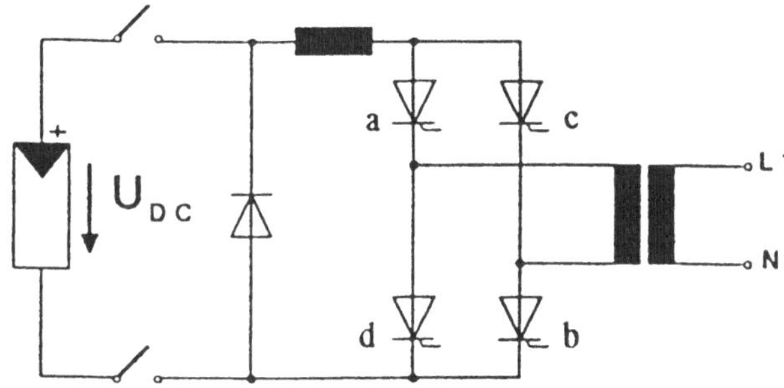

Abb. 4: Schaltungsprinzip eines einphasigen netzgeführten Wechselrichters /3/

Selbstgeführte Wechselrichter arbeiten meist nach dem Prinzip der Pulsweitenmodulation. Die Sinusform des eingespeisten Stromes wird durch die Aneinanderreihung von Impulsen unterschiedlicher Breite realisiert. Die Frequenz dieser Pulse ist konstant.

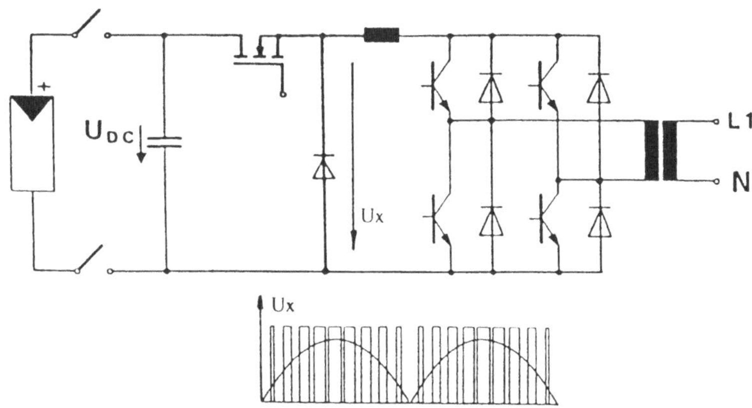

Abb. 5: Schaltungsprinzip eines selbstgeführten Wechselrichters (UFE, NEG 1500)

Eine Ausführungsvariante eines selbstgeführten Wechselrichters ist ein Gerät mit Hochfrequenztrafo. Dieser kann wegen der hohen Taktfrequenzen wesentlich kleiner als ein 50 Hz-Trafo ausgelegt werden. In beiden Fällen wird die galvanische Trennung zwischen Netz und Solargenerator durch den Trafo gewährleistet. Natürlich finden noch Verwendung, die an dieser Stelle nicht weiter erläutert werden. Natürlich finden noch weitere Schaltungsvarianten Verwendung, die an dieser Stelle nicht weiter erläutert werden.

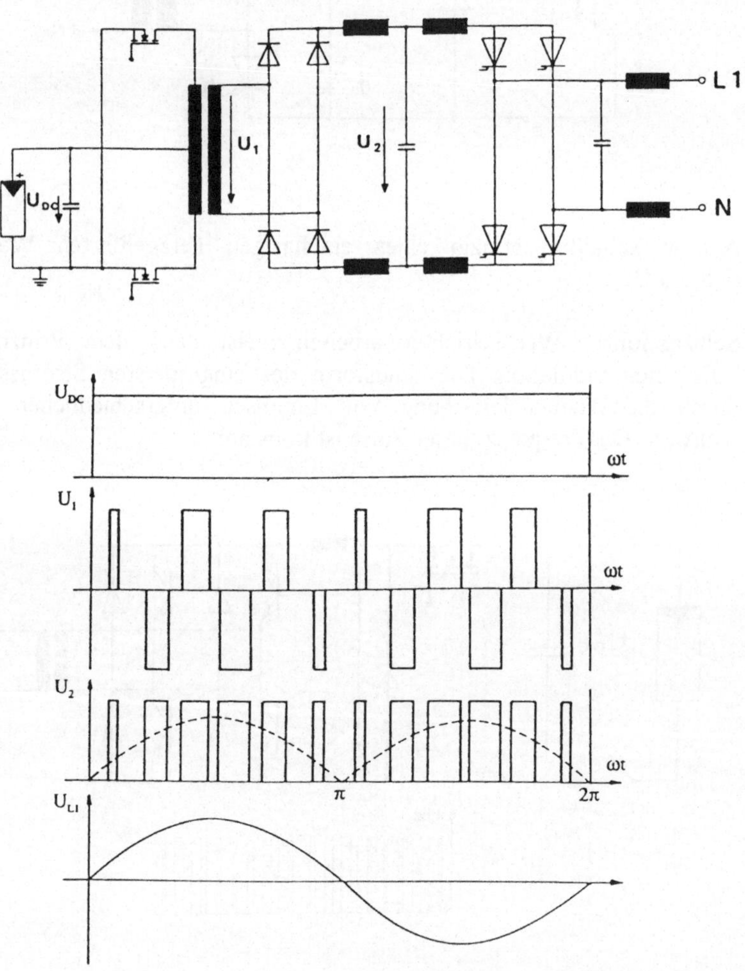

Abb. 6: Schaltungsprinzip eines selbstgeführten Wechselrichters mit Hochfrequenztrafo (SMA, PV-WR 1800)

4. Einfluß des Wechselrichters auf den Jahresertrag einer netzgekoppelten PV-Anlage

Der Jahresertrag einer PV-Anlage ist zunächst abhängig von der solaren Einstrahlung am Installationsort. Die Effizienz der Module, deren Ausrichtung sowie sonstige Einflußgrößen wie Temperatur, Beschattung, Wind usw. bestimmen die vom Solargenerator abgegebene Energie. Innerhalb des Gleichstromkreises der Solaranlage treten verschiedene Verluste auf, die sich in zwei Kategorien unterteilen lassen.

Anpassungsverluste sind:

- Mismatching
- Verluste durch nicht optimale Ausrichtung und Abschattung des Solargenerators
- Nutzungsgradeinbußen durch nicht optimale Anpassung von Wechselrichter und Solargenerator
- Verluste durch nicht optimalen MPP-Betrieb

Stromwärmeverluste treten an allen Betriebsmitteln, wie

- Module (wird beim Modulwirkungsgrad berücksichtigt),
- Kabel und Leitungen,
- Dioden,
- Sicherungen,
- Freischalteinrichtungen,
- Wechselrichter,
- Zählereinrichtungen,
- Unter-/Überspannungsüberwachungsrelais,

auf.

Abb. 7 zeigt die Jahresausbeute einer $1kW_p$-Photovoltaikanlage, wobei die Energieverluste der einzelnen Komponenten aus Angaben der Komponentenhersteller oder aus eigenen Messungen errechnet wurden.

Der realistisch zu erwartende Energieertrag einer 1kWp-Photovoltaikanlage in Mitteldeutschland beträgt hier etwa 650 kWh/Jahr. Im Süden Deutschlands ist die mittlere Energieausbeute höher anzusetzen. Natürlich gibt es noch Optimierungspotentiale, die diesen Ertrag steigern können.

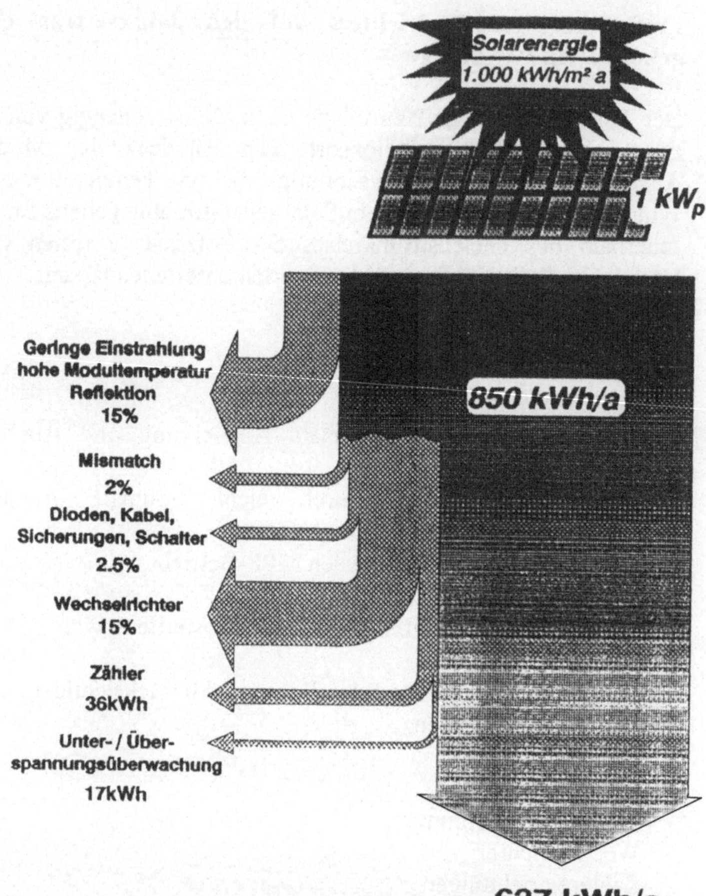

Abb. 7: Energieertrag einer 1kW$_p$-Photovoltaikanlage /5/, /7/

Es ist erkennbar, daß die Wechselrichterverluste wesentlich zum Gesamtverlust der Anlage beitragen. Wechselrichternutzungsgrade von 85 % werden von den meisten Geräten erreicht und nur von wenigen überschritten. Aber auch die Auswahl der sonstigen Anlagenkomponenten wie z. B. Dioden und Spannungsüberwachungseinrichtungen sollten auch unter dem Gesichtspunkt der Verlustminimierung durchgeführt werden. Unter Ausnutzung der realistisch möglichen Verlustsparpotentiale ist mit heutiger Technologie ein Energieertrag von ca. 800 kWh/kW$_p$ Solargeneratorleistung in Mitteldeutschland möglich.

5. Geräteeigenschaften, Kenngrößen

Auf der Basis von Messungen werden im folgenden die verschiedenen Geräteeigenschaften beschrieben. Dabei werden sowohl energetisch relevante Kennwerte der Wechselrichter erläutert wie auch Anforderungen an die Störemissionen der Geräte benannt.
Grundsätzlich muß zu den Meßergebnissen gesagt werden, daß sie sich immer nur auf das Prüfmuster beziehen. Die Ergebnisse sind nicht in jedem Fall auf alle Geräte eines Wechselrichtertyps übertragbar, zumal auch aufgrund der Felderfahrungen und dieser Prüfungen kontinuierlich Gerätemodifikationen durchgeführt worden sind. Manche Hersteller bieten bereits eine zweite Gerätegeneration - belegt durch eine neue Typbezeichnung - an.

5.1 Wirkungsgrad

Eine der wesentlichen Größen zur Beschreibung der Wechselrichter ist der Wechselrichterwirkungsgrad. Dieser ist definiert als das Verhältnis der Ausgangsleistung zur Eingangsleistung. Da PV-Wechselrichter nicht in einem Leistungspunkt, sondern nahezu über den gesamten Leistungsbereich betrieben werden, wird der Wirkungsgrad für einen Leistungsbereich von $0{,}1P_{DC}<P_{DC}<P_{DCn}$ dokumentiert.

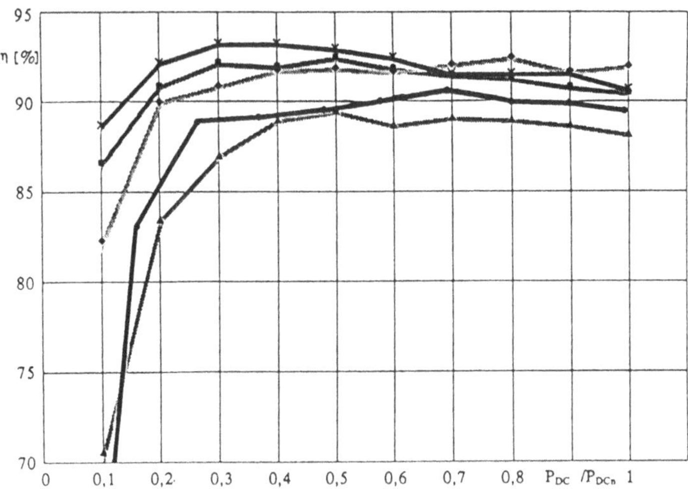

Abb. 8: Wirkungsgrade in Funktion der normierten (auf Nennleistung bezogenen) Eingangsleistung

Abb. 8 zeigt die gemessenen Wirkungsgrade von fünf verschiedenen Wechselrichtern. Es ist erkennbar, daß alle Wechselrichter bei Leistungen > 0,4 der Nennleistung 90 % annähernd erreicht oder überschreiten. Im Teillastbereich $P_{DC} < 0{,}4\ P_{DCn}$ ergibt sich ein breiterer Streubereich. Natürlich muß man bei einem Vergleich der Wechselrichter untereinander die verschiedenen Gerätekonzepte berücksichtigen.

Wichtig ist z. B., daß die Wechselrichter die gesetzlichen Mindestanforderungen an die Störaussendungen einhalten. Dazu werden Filter notwendig, die zwangsläufig den Wechselrichterwirkungsgrad verringern.

5.2 Nutzungsgrad

Für den Betreiber einer Solaranlage ist der Wechselrichterwirkungsgrad eine schlecht einschätzbare Größe. In erster Linie interessiert ihn, wieviel der vom Solargenerator maximal lieferfähigen Energie z.B. im Laufe eines Jahres in AC-Energie umgewandelt wird. Aussagen hierzu kann nur die Auswertung von Anlagenmeßdaten über einen längeren Zeitraum liefern (z.B. im Rahmen des Meß- und Auswerteprogrammes (MAP) des 1000-Dächer-Programms).

In diesem so definierten Nutzungsgrad werden über die Wirkungsgraddefinition hinaus noch weitere Verlustquellen erfaßt, wie z.B. die mangelnde Anpassung des Wechselrichters an den "Maximum Power Point" des Solargenerators oder den Wechselrichterstillstand bei geringer eingestrahlter Energie.

Will man zum Nutzungsgrad durch Labormessungen eine Aussage machen, so muß man in einer zeitlichen Raffung aus einem Jahresgang einen vergleichbaren Tagesgang erzeugen. Dies ist insofern schwierig als es über das Jahr viele dynamische Vorgänge gibt, die man so in einen Tagesgang nicht einbringen kann.

Um dennoch Aussagen machen zu können, müssen Vereinbarungen getroffen werden und Definitionen erfolgen. Abb. 9 zeigt den Versuch, Indizien für die Beschreibung des Langzeitverhaltens von Wechselrichtern zu finden.

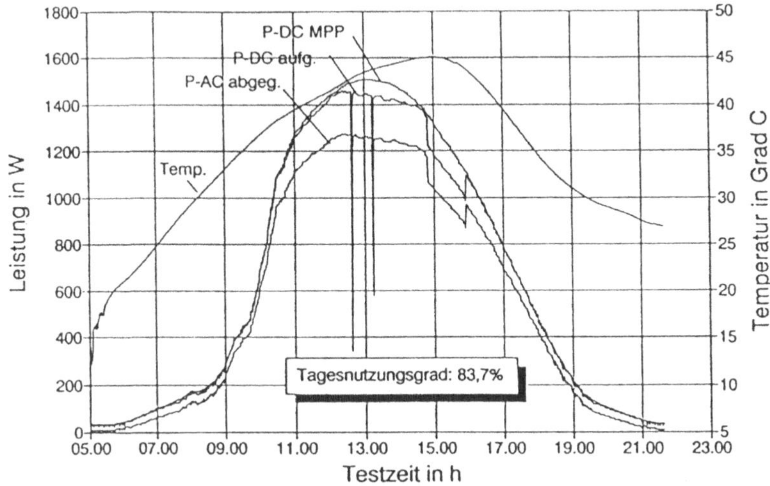

Abb. 9: Wechselrichternutzungsgrad bei definierten Randbedingungen

Der festgestellte Nutzungsgrad steht nur für diesen definierten Tagesgang, wobei die vom Generator im Maximum angebotene Leistung genau der max. eingangsseitigen Nennleistung des Wechselrichters entspricht.

Die Umgebungstemperatur des Gerätes ist ebenso als Tagesgang definiert, wobei das Tagesgangmaximum der maximal zulässigen Umgebungstemperatur des Wechselrichters entspricht. Im hier gezeigten Beispiel schaltet das Gerät zweimal kurzzeitig ab und regelt im oberen Bereich vor dem Erreichen der Nennleistung aufgrund der Geräteerwärmung in Richtung der Generatorleerlaufspannung ab.

5.3 Netzrückwirkungen

Wechselrichter belasten das Netz durch Oberschwingungen. Sie treten sowohl als harmonische (ganzzahlige Vielfache der Grundschwingung) als auch als zwischenharmonische Schwingungen (nicht ganzzahlige Vielfache der Grundschwingung) auf. Die Oberschwingungsströme rufen an der Netzimpedanz Spannungsabfälle hervor, die bestimmte Grenzwerte nicht überschreiten dürfen, um eine Gefährdung anderer Verbraucher und der Netzeinrichtungen auszuschließen.

Die Energieversorgungsunternehmen, vertreten durch die Vereinigung Deutscher Elektrizitätswerke (VDEW), legen diese Grenzwerte in Anlehnung an bestehende Normen fest. Die Grenzwerte für Oberschwingungsströme sind in der DIN VDE 0838 (EN 60555) Teil 2, Tabelle 1, Spannungsschwankungen und Flicker in der gleichen Norm, Teil 3 festgelegt.

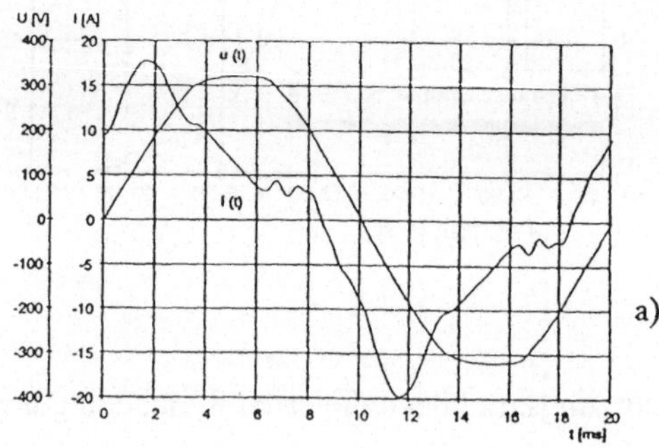

a)

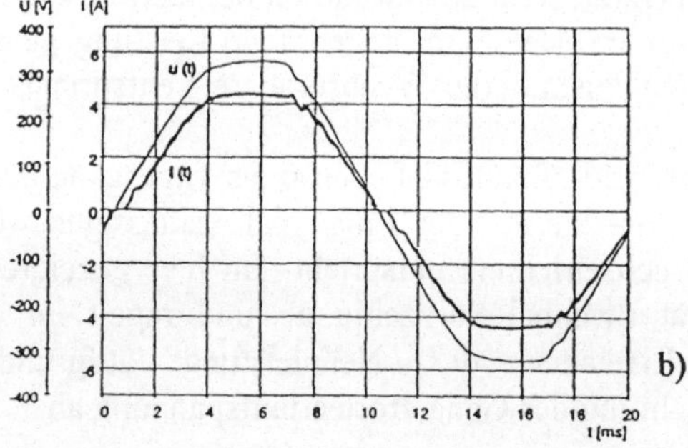

b)

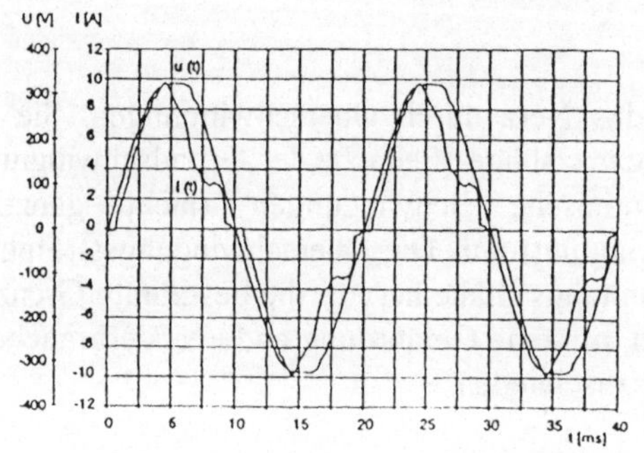

c)

Abb. 10:
Strom-/Spannungsverläufe von einem
a) netzgeführten Wechselrichter (Egir 010)
b) selbstgeführten primärmodulierten Wechselrichter mit Netztrafo (NEG 1500)
c) selbstgeführten primärmodulierten WR mit Hochfrequenztrafo (PV-WR 1500)

In Abb. 10a ist der Strom-/Spannungsverlauf eines netzgeführten Wechselrichters dargestellt. Es ist erkennbar, daß der Stromverlauf stark von der Sinusform abweicht und daher ergeben sich erhöhte Stromoberschwingungsanteile. Nachteilig ist bei diesem Wechselrichterkonzept ebenso, daß ein hoher Blindleistungsbedarf vorliegt (erkennbar an der Phasenverschiebung zwischen Strom und Spannung). Jedoch haben netzgeführte Wechselrichter normalerweise keine Probleme mit hochfrequenten Störungen.
Die Stromverläufe der selbstgeführten Wechselrichter sind annähernd sinusförmig und weisen daher geringe niederfrequente Oberschwingungen auf. Jedoch sind sie mit hochfrequenten Störungen (in Abb. 10b erkennbar) überlagert, die je nach Leistungs- und Netzimpedanz entsprechende Funkstörspannungen hervorrufen.

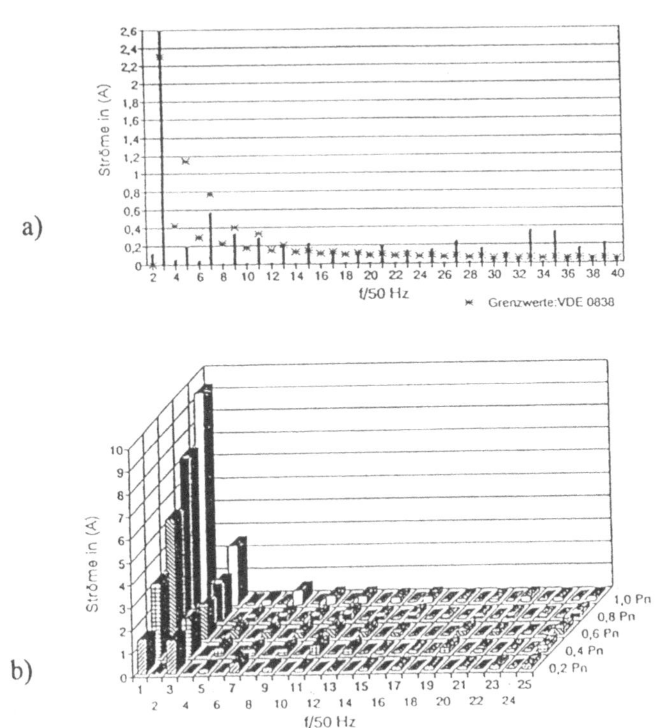

Abb. 11: Stromoberschwingungen eines netzgeführten Wechselrichters
a) bei Nennleistung im Vergleich zu den Grenzwerten nach DIN VDE 0838
b) in Abhängigkeit von der Wechselrichterbelastung

Abb. 11 zeigt die Stromoberschwingungen eines netzgeführten Wechselrichters im Vergleich zu den Grenzwerten nach DIN VDE 0838. Es ist erkennbar, daß die Grenzwerte teilweise überschritten werden.
Bei technischen Überprüfungen im Rahmen des 1000-Dächer-Programms wurden die Überschreitungen der Grenzwerte bei vielen netzgekoppelten Geräten festgestellt. Dies wird bei den meisten Energieversorgungsunternehmen heute noch toleriert. Mittelfristig sind hier jedoch stärkere Restriktionen zu erwarten. Daher sollte unbedingt die Einhaltung der o.g. Anforderungen von den Wechselrichter-Herstellern angestrebt werden.

5.4 EMV-Elektromagnetische Verträglichkeit

EMV ist die Eigenschaft von elektrischen und elektronischen Geräten, Systemen und Anlagen, in einer vorhandenen elektromagnetischen Umwelt bestimmungsgemäß zu arbeiten, ohne dieselbe Umwelt über ein festgelegtes Maß hinaus zu belasten. Daraus unterteilt sich die Prüfprozedur in den

- Nachweis der Einhaltung von Grenzwerten hinsichtlich elektromagnetischer Aussendung "EMA"
- Nachweis der Störfestigkeit gegen elektro-magnetische Beeinflussung "EMB"

Die Grundlage zur EMV liefert das Gesetz zur elektromagnetischen Verträglichkeit von Geräten (EMVG), vom 9. November 1992, daß die Umsetzung der europäischen Richtlinie 89/336/EWG des Rates vom 3. Mai 1989 beinhaltet. Durch Verzögerungen in der Gesetzgebung ist die Richtlinie mit der BMPT-Verfügung Nr. 241/91, veröffentlicht im Amtsblatt des BMPT Nr. 61/1991, vom 11.12.1991 vorab in Kraft gesetzt worden.

Die EG-Komission hat eine Übergangsfrist bis zum 31.12.1995 beschlossen, in der wahlweise die bisherigen einzelstaatlichen Regelungen oder die des EMV-Gesetzes gelten.

Das Gesetz selbst nimmt keinen Bezug auf Normen, sondern definiert allgemeine Schutzziele. Es verweist auf die Fundstellen von Normen, die jeweils im Amtsblatt der EG Nr. 44/12 vom 19.02.1992 und C90/2 vom 10.04.1992 bekanntgegeben wurden.
Bei Wechselrichtern gelten für den Bereich der Hochfrequenzstörungen im wesentlichen die EMA-Grundnormen (Basic-Standards):

- EN 55011 Grenzwerte und Meßverfahren für Funkstörungen von industriellen, wissenschaftlichen und medizinischen Hochfrequenzgeräten (analog DIN VDE 0875 Teil 11/07.92)
- EN 55014 Grenzwerte und Meßverfahren für Funkstörungen von Elektrohaushaltsgeräten, handgeführten Elektrowerkzeugen und ähnlichen Elektrogeräten

Für den Bereich von niederfrequenten Störungen gelten die schon benannten EMA-Grundnormen:

- EN 60555-2 Netzoberschwingungen
- EN 60555-3 Spannungsschwankungen

Uneingeschränkt können nur Geräte eingesetzt werden, die der Grenzwertklasse B (siehe EN 55011) entsprechen. Diese eignen sich für den Einsatz in Wohnbereichen sowie in solchen Betrieben, die direkt an ein Niederspannungsnetz angeschlossen sind. Beim Einsatz von Geräten der Grenzwertklasse A muß die Telekom über den Einsatzort des Gerätes unterrichtet werden.

5.5 Verhalten bei betriebsmäßigen Störungen

Zu den betriebsmäßigen Störungen zählen Ereignisse, die von außen entweder über die Außenhaut oder leitungsgebunden an den Wechselrichter herangetragen werden. Im weitesten Sinne kann man darunter auch Einwirkungen durch Temperatur, Feuchtigkeit und elektromagnetische Beeinflussung verstehen. Diese Einflußgrößen sollen allerdings hier nicht behandelt werden. Vielmehr geht es um Störungen, die den Wechselrichter über die Anschlußleitungen erreichen.

Aus Fragen des Personen- und Sachschutzes sind hier das Verhalten der Wechselrichter bei Über- und Unterspannungen des Netzes am wichtigsten. So muß ein Wechselrichter bei Netzspannungsausfall unbedingt abschalten, damit eine mögliche Gefährdung des EVU-Personals ausgeschlossen werden kann.

Die Abschaltung bei Überspannungen ist ebenso erforderlich, um eine Beeinflussung anderer Anlagen und Betriebsmittel durch den Wechselrichter auszuschließen. Die Forderungen der VDEW nach Abschaltung bei Unterspannung im Bereich von 0,7 U_N - U_N und bei der Überspannung von 1,0 U_N - 1,15 U_N wird von den Wechselrichtern normalerweise erfüllt.

5.6 Sicherheit von PV-Wechselrichtern

Den Sicherheitsbegriff von elektronischen Betriebsmitteln kann man allgemein wie folgt beschreiben. Das EB muß in seiner Umgebung sicher funktionieren und darf die Sicherheit des Menschen und der Umgebung nicht gefährden.

Das Schutzkonzept ist auf das Minimieren von Fehlern und die Begrenzung von Fehlerauswirkungen auszurichten.

Das Auftreten von Kurzschlüssen in Geräten wird im Allgemeinen z.B. durch die Einhaltung von Mindestabständen zwischen aktiven Teilen (Luft-, Kriech-, und Isolierstoffstrecken) minimiert. Im Falle eines Fehlers stellen Abschalteinrichtungen (z.B. Sicherungen) den gefahrlosen Zustand im Gerät oder in der Anlage her. Nun ist die Besonderheit bei Kurzschlüssen in photovoltaischen Gleichstromkreisen und die damit verbundene Lichtbogengefahr schon häufig diskutiert worden und hat bei der Definition der Installationsvorschriften dazu geführt, daß die kurschluß- und erdschlußsichere Verlegung gefordert wurde.

Diese Kurzschluß- und Erdschlußsicherheit ist bei Wechselrichtern nicht gegeben, da sich immer Bauelemente wie z.B. Kondensatoren zwischen verschiedenen Potentialen befinden. Die Bauelemente entsprechen in ihrer Isolationsfähigkeit aber nur einer Basisisolierung, nicht aber einer sicheren Trennung, wie es das Wesen der Kurzschluß- und Erdschlußsicherheit ist.

Zur Durchsetzung eines im Vergleich zur restlichen Anlage vergleichbaren Sicherheitskonzeptes bezüglich der Lichtbogensicherheit bei PV-Wechselrichtern müssen noch Strategien diskutiert und technische Lösungen realisiert werden.

Neben dem Kurzschluß sind Begriffe wie Personenschutz, Verschmutzungsgrad, Klimabeständigkeit, Wärmesicherheit und Verhalten bei äußeren Störungen Teil der Sicherheitsüberprüfungen von Wechselrichtern.

Die Inhalte dieser Testprozeduren können hier auch nicht nur ansatzweise dargestellt werden. Die Grundlagen für diese Prüfungen sind in den Normen:

- DIN VDE 0160/05.88 Ausrüstung von Starkstromanlagen mit elektronischen Betriebsmitteln
- DIN VDE 0558 Teil 1/07.87, Halbleiter-Stromrichter
- DIN VDE 0100 mit den zugehörigen Teilen in der zur Zeit gültigen Fassung beschrieben.

6. Dimensionierung von netzgekoppelten Photovoltaik-Anlagen /5/, /6/

Die wesentliche Dimensionierungsaufgabe bei netzgekoppelten PV-Anlagen ist die Anpassung von Solargenerator und Wechselrichter.

Hierbei ist zunächst die Spannungsanpassung zu betrachten. Durch die Reihenschaltung von einer dem Eingangsspannungsbereich des Wechselrichters entsprechenden Anzahl von Modulen ist die optimale Anpassung der Spannungen von Solargenerator und Wechselrichter problemlos machbar.

Zur optimalen Leistungsanpassung der beiden Komponenten müssen allerdings zunächst differenziertere Überlegungen angestellt werden.

Zunächst muß geklärt werden, was optimale Leistungsanpassung bedeutet. So kann die insgesamt ökonomischste Lösung oder die Optimierung der Anlage für den maximalen Energieertrag angestrebt werden.

Zur Optimierung der Auslegung hinsichtlich des maximalen Energieertrages sollten daher folgende Einflußfaktoren berücksichtigt werden.

- Einstrahlungen von 1000W/m² werden selten erreicht oder überschritten. Die eingestrahlte Energie z. B. über ein Jahr bei diesem Einstrahlungswert ist gering (siehe Abb.). Dagegen werden auch bei geringen Einstrahlungswerten durchaus relevante Energien eingestrahlt.
- Die meisten Wechselrichter (siehe 5.1) haben im Teillastbereich geringere Wirkungsgrade als in der Nähe des Nennpunktes.
- Die tatsächlich vom Wechselrichter aufgenommene maximale Leistung ist niedriger als die Peak-Leistung des Solargenerators.
  Einflußgrößen sind:
  Herstellertroleranzen, Mismatch, Temperatureinfluß, Stromwärmeverluste im Gleichstromkreis, Ausrichtung des Solargenerators, Abschattung usw.

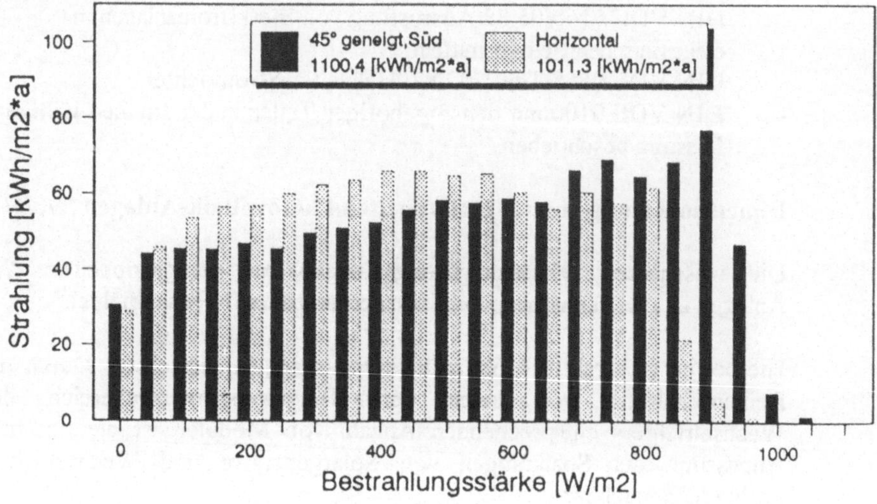

Abb. 12: Eingestrahlte Jahresenergie in Hannover /6/

Unter Berücksichtigung dieser Einflußfaktoren kann es daher durchaus sinnvoll sein, eine Anlage so zu dimensionieren, daß die Wechselrichternennleistung P_{WRn} kleiner als die Generatorpeakleistung P_{Genp} ist. Abbildung 13 zeigt die Nutzungsgrade bei zwei verschiedenen Wechselrichtern und zwei in verschiedenen Winkeln aufgeständerten Generatoren für verschiedene Auslegungsvarianten.

Es ist erkennbar, daß bei diesen Beispielen die optimalen Nutzungsgrade bei Leistungsverhältnissen von P_{WRn}/P_{Genp} = 0,7 - 0,9 erreicht werden. Andererseits zeigt der Verlauf der Kurven, daß in einem breiten Bereich durchaus akzeptable Nutzungsgrade erzielt werden. Daher ergibt sich ein sinnvoller Auslegungsbereich von

$$0,7 < P_{WRn} / P_{Genp} < 1,3$$

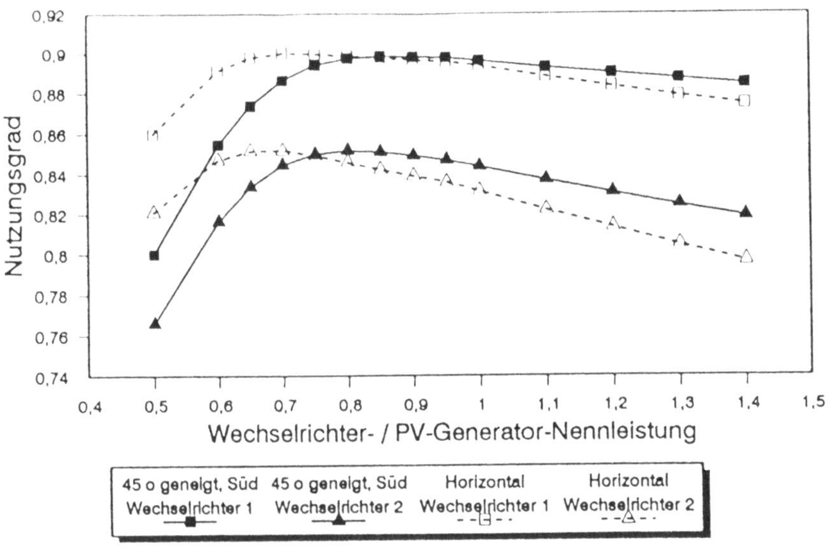

Abb. 13: Wechselrichternutzungsgrade in Abhängigkeit vom Leistungsverhältnis P_{WRn}/P_{Genp}

Zwingende Voraussetzung für eine Dimensionierung der Anlage entsprechend dem Leistungsverhältnis $P_{WRN}/P_{Genp} < 1$ ist, daß der Wechselrichter bei Leistungen oberhalb seiner Nennleistung nicht abschaltet, sondern abregelt.

7. Zusammenfassung

Die Wechselrichterentwicklungen sind insbesondere durch das 1000-Dächer-Programm forciert oder sogar initiiert worden. Von den Wechselrichterherstellern ist in der kurzen Zeit vieles geleistet worden. Es liegt in der Natur der Sache, daß noch nicht alle technischen Probleme gelöst sind. Im wesentlichen müssen abhängig von den Wechselrichterkonzepten entweder die hochfrequenten elektro-magnetischen Aussendungen oder die Stromoberschwingungen reduziert werden . Die Sicherheit der Geräte muß ebenso weiter verbessert werden wie auch die Effizienz. Alle Beteiligten, d.h. Hersteller, Anwender und die unabhängigen Prüfinstitute sind aufgefordert, hierzu Beiträge zu liefern.

Literatur

/1/ Dr. Walter Sandtner: "Zum Bund-Länder-1000-Dächer-Photovoltaik-Programm (Stand 30.6.93)",
BMFT, Bonn

/2/ H.-P. Lutz: "Marktanalyse PV-Anlagen, Netzgekoppelte Anlagen in Aufdachmontage",
Sonnenenergie 5/93

/3/ H. Wilk: "Wechselrichter für netzgekoppelte Photovoltaikanlagen",
Österreichische Zeitschrift für Elektrizitätswirtschaft, Jahrg. 46, 46, Heft 5, März 93

/4/ W. Vaaßen, H. Becker, J. Ohligschläger, C. Brendel, G. Keller, G. Klein: "Technische Begleitung des 1000-Dächer-Programms, Messungen an netzgekoppelten Wechselrichtern",
8. Nationales Symposium Photovoltaische Solarenergie, März 1993, Staffelstein
Informationsbroschüre gleichen Titels

/5/ W. Vaaßen, H. Becker: "Technische Aspekte bei der Dimensionierung und Installation von Photovoltaikanlagen im Rahmen des 1000-Dächer-Programms",
8. Internationales Sonnenforum, Juni 1992, Berlin

/6/ D. Decker, U. Jahn, U. Rindelhardt, W. Vaaßen: "The German 1000-Roof-Photovoltaik-Programme; System Design And Energy Balance",
11. EC Photovoltaik Solar Energy Conference, October 1992, Montreux, Switzerland

/7/ W. Vaaßen: Erfahrungsbericht aus der technischen Begleitung des Bund-Länder-1000-Dächer-Photovoltaik-Programms in der Bundesrepublik Deutschland
Österreichische Zeitschrift für Elektrizitätswirtschaft, Jahrg. 46,
Heft 3, März 93